基礎コース物理化学 Ⅱ

分子分光学

中田宗隆 著

東京化学同人

は じ め に

　昔は物理化学のことを理論化学といった．有機化学，無機化学，分析化学など，さまざまな分野での現象を物理学の知識を使って解明する．物理化学は物質を扱うあらゆる科学に不可欠な基礎知識である．

　ちまたには，世界的に定評のある物理化学の教科書や翻訳本が多数ある．物理化学の重要な概念を網羅した良書である．しかし，日本の大学の学部学生向けの講義で使いやすい内容，レベル，記述かというと，そうでないものが多い．大学に入学した初学者が通読しやすいように内容を厳選し，学生の立場に立って解説した教科書が必要ではないだろうか．

　ここに"基礎コース物理化学 全4巻"を用意した．読者がもつと予想されるさまざまな疑問に対して，できるかぎりの説明を加えて4分冊にした．それぞれの巻で解説する主題は以下のとおりである．

第Ⅰ巻　量 子 化 学：原子，分子の量子論
第Ⅱ巻　分子分光学：分子と電磁波の相互作用
第Ⅲ巻　化学動力学：分子集団の状態の時間変化
第Ⅳ巻　化学熱力学：分子集団のエネルギー変化

　この"第Ⅱ巻 分子分光学"では，ふつうの物理化学の教科書では天下り的に導入される回転運動や振動運動に関する波動関数やエネルギー固有値を，丁寧にわかりやすく導出する．特に，吸収スペクトルと散乱スペクトルの解釈に必要な回転遷移，振動遷移，電子遷移の選択則について，初学者が理解できるようにやさしい言葉で説明する．同じ著者が，同じレベル，同じスタンス，同じ表現で書いているので，他の巻の内容を参考にしながら，物理化学全体を理解しやすくなったと思う．内容が理解できたかを確認するために，各章末には10題の問題を用意した．解答は東京化学同人ホームページの本書のページに載せてある（http://www.tkd-pbl.com/）．

　最後に，社会人になって，もう一度，物理化学を勉強したくなった（あるいは勉強しなければならなくなった）読者にも役立つ教科書でもある．ぜひ，多くの方々に楽しんでいただきたいと思う．

2018 年 11 月 14 日

中　田　宗　隆

目　　次

第 I 部　二原子分子の分光学

第 1 章　並進運動と分子内運動 … 3
- 1・1　宇宙空間の分子を探る分光学 … 3
- 1・2　並進運動と分子内運動の分離 … 4
- 1・3　振動運動と回転運動の分離 … 5
- 1・4　平面内での回転運動と剛体回転子近似 … 7
- 1・5　平面内での回転運動の波動方程式 … 10
- 章末問題 … 13

第 2 章　回転スペクトル … 14
- 2・1　3次元空間での回転運動の波動方程式 … 14
- 2・2　回転運動の波動関数とエネルギー固有値 … 15
- 2・3　遷移双極子モーメントと選択則 … 18
- 2・4　回転スペクトルとボルツマン分布則 … 21
- 2・5　回転運動に対する遠心力の影響 … 23
- 章末問題 … 25

第 3 章　ラマン散乱による回転スペクトル … 26
- 3・1　電磁波で誘起される分子分極 … 26
- 3・2　分子と電磁波のエネルギーのやりとり … 27
- 3・3　ラマン散乱による回転遷移の選択則 … 29
- 3・4　ラマン散乱による HF 分子の回転スペクトル … 31
- 3・5　原子核のスピン角運動量の影響 … 33
- 章末問題 … 36

第4章　振動スペクトル……………………………………………38
- 4・1　原子核の運動に対するポテンシャル………………………38
- 4・2　振動運動と調和振動子近似…………………………………39
- 4・3　振動運動の波動方程式………………………………………40
- 4・4　振動運動の波動関数とエネルギー固有値…………………42
- 4・5　赤外吸収による振動遷移の選択則…………………………46
- 章末問題……………………………………………………………48

第5章　振動運動の非調和性………………………………………49
- 5・1　モース関数によるポテンシャルの近似……………………49
- 5・2　振動運動に対する非調和性の影響…………………………51
- 5・3　HF分子の基本音，ホットバンド，倍音……………………52
- 5・4　基本振動数と非調和性………………………………………55
- 5・5　振動平均の核間距離…………………………………………56
- 章末問題……………………………………………………………58

第6章　振動回転スペクトル………………………………………59
- 6・1　回転定数に対する振動運動の影響…………………………59
- 6・2　振動回転相互作用と平衡核間距離…………………………60
- 6・3　赤外吸収による振動回転遷移の選択則……………………62
- 6・4　P枝およびR枝の吸収線……………………………………64
- 6・5　赤外吸収によるHF分子の振動回転スペクトル……………66
- 章末問題……………………………………………………………68

第7章　ラマン散乱による振動回転スペクトル…………………69
- 7・1　ラマン散乱による振動遷移の選択則………………………69
- 7・2　ラマン散乱による振動回転遷移の選択則…………………71
- 7・3　ラマン散乱によるHF分子の振動回転スペクトル…………74
- 7・4　ラマン散乱によるN_2分子の振動回転スペクトル…………75
- 7・5　同位体種の振動平均の核間距離……………………………76
- 章末問題……………………………………………………………78

第8章　電子スペクトル……………………………………………79
- 8・1　電子状態と振動状態と回転状態……………………………79

 8・2　フランク-コンドン因子……………………………………………………81
 8・3　電子振動スペクトル(吸収)と解離過程……………………………………82
 8・4　電子振動スペクトル(発光)と無放射遷移…………………………………84
 8・5　電子振動回転スペクトル(吸収と発光)……………………………………86
 章末問題………………………………………………………………………………88

第9章　対称性と電子スペクトル……………………………………………………90
 9・1　分子軌道の対称性と名前……………………………………………………90
 9・2　電子状態の対称性と名前……………………………………………………92
 9・3　電子基底状態の名前…………………………………………………………94
 9・4　電子遷移の選択則……………………………………………………………96
 9・5　光電子スペクトル……………………………………………………………99
 章末問題……………………………………………………………………………101

第II部　多原子分子の分光学

第10章　直線分子，平面分子の回転スペクトル……………………………………105
 10・1　直線三原子分子の回転運動………………………………………………105
 10・2　直線三原子分子の結合距離の求め方……………………………………107
 10・3　平面三原子分子の回転運動………………………………………………109
 10・4　慣性主軸と主慣性モーメント……………………………………………112
 10・5　平面三原子分子の構造の求め方…………………………………………114
 章末問題……………………………………………………………………………115

第11章　立体分子の回転スペクトル…………………………………………………116
 11・1　立体分子の慣性モーメント………………………………………………116
 11・2　対称こま分子と球こま分子………………………………………………118
 11・3　立体分子の3次元空間での回転運動……………………………………120
 11・4　対称こま分子のエネルギー固有値………………………………………123
 11・5　非対称こま分子の回転スペクトル………………………………………125
 章末問題……………………………………………………………………………126

第12章　直線分子の振動スペクトル…………………………………………………127
 12・1　直線三原子分子の伸縮振動………………………………………………127

- 12・2　直線三原子分子の変角振動 ………………………………………… 128
- 12・3　対称な直線三原子分子の振動運動 ……………………………… 130
- 12・4　CO_2 分子の赤外吸収スペクトル ………………………………… 132
- 12・5　CO_2 分子のラマン散乱スペクトル ……………………………… 134
- 章末問題 ……………………………………………………………………… 137

第 13 章　平面分子の振動スペクトル …………………………………… 138
- 13・1　H_2O 分子の振動運動 ………………………………………………… 138
- 13・2　H_2O 分子の赤外吸収スペクトル …………………………………… 139
- 13・3　H_2O 分子の対称要素と対称操作 …………………………………… 141
- 13・4　点群の性質 …………………………………………………………… 142
- 13・5　振動運動と指標表 …………………………………………………… 144
- 章末問題 ……………………………………………………………………… 147

第 14 章　基準振動の計算：GF 行列法 ………………………………… 148
- 14・1　三原子分子の振動運動の扱い ……………………………………… 148
- 14・2　H_2O 分子の換算質量と力の定数 …………………………………… 149
- 14・3　直交座標系から分子内座標系への変換 …………………………… 151
- 14・4　GF 行列法による基準振動計算 …………………………………… 154
- 14・5　分子内座標，対称座標，基準座標の関係 ………………………… 156
- 章末問題 ……………………………………………………………………… 158

第 15 章　立体分子の振動スペクトル …………………………………… 159
- 15・1　NH_3 分子の対称要素 ………………………………………………… 159
- 15・2　NH_3 分子の振動運動 ………………………………………………… 160
- 15・3　NH_3 分子の赤外吸収スペクトル …………………………………… 163
- 15・4　NH_3 分子の反転運動 ………………………………………………… 165
- 15・5　トンネル効果 ………………………………………………………… 167
- 章末問題 ……………………………………………………………………… 169

第 16 章　炭化水素の振動スペクトル …………………………………… 170
- 16・1　CH_4 分子の対称要素 ………………………………………………… 170
- 16・2　CH_4 分子の赤外吸収スペクトル …………………………………… 172
- 16・3　CH_2D_2 分子の振動運動と対称性 …………………………………… 173

16・4　ベンゼン分子の振動運動……………………………………………176
16・5　ベンゼン分子の赤外吸収スペクトル……………………………178
章末問題…………………………………………………………………180

第17章　共役二重結合の電子スペクトル……………………………181
17・1　π電子のエネルギー準位…………………………………………181
17・2　2種類の電子励起状態……………………………………………182
17・3　芳香族化合物の電子吸収スペクトル……………………………184
17・4　金属錯体の電子吸収スペクトル…………………………………186
17・5　ベンゼン分子の電子発光スペクトル……………………………188
章末問題…………………………………………………………………190

第18章　電子励起状態の振動スペクトル……………………………192
18・1　レーザーを使った分光法…………………………………………192
18・2　電子励起状態のラマン散乱スペクトル…………………………194
18・3　電子励起状態の赤外吸収スペクトル……………………………196
18・4　ナフタレン分子の対称要素………………………………………197
18・5　密度汎関数法による基準振動計算………………………………199
章末問題…………………………………………………………………202

索　　引……………………………………………………………………203

第 I 部
二原子分子の分光学

1
並進運動と分子内運動

> 分子の原子核の運動は，質量中心が移動する並進運動と，質量中心が移動しない分子内運動に分けて考えることができる．後者は，さらに回転運動と振動運動に分けられる．ここでは核間距離は常に変わらないという剛体回転子近似を用いて，平面内を自由に回転する二原子分子の回転運動の波動関数とエネルギー固有値を求める．

1・1 宇宙空間の分子を探る分光学

宇宙空間は真空で何もないかというと，そうでもない．ごくわずかであるが，原子がある．ほとんどは H 原子 (93.4%) と He 原子 (6.5%) であるが，そのほかにも O 原子 (0.06%)，C 原子 (0.03%)，N 原子 (0.01%) などもある．どうすると，そのことがわかるかというと，それぞれの原子が吸収したり放射したりする可視光線，紫外線，X 線などを調べる．これを原子分光法という．

宇宙空間には原子よりもさらに少ないが，H_2 分子をはじめ，CO 分子，NO 分子など，さまざまな分子もある．地球の環境では反応性が高くて，存在することがむずかしい CH ラジカル，OH ラジカル，CN ラジカルなどもある．宇宙空間は希薄で，衝突がほとんどないからである．グリシン NH_2-CH_2-COOH のようなアミノ酸があることもわかっている．まさに，生命の原料ともいえる C 原子，H 原子，O 原子，N 原子からなる分子が宇宙空間にある．

分子は電子と原子核でできていて運動している．電子が運動するだけでなく，分子全体がくるくると回る回転運動や，分子全体が伸びたり縮んだりする振動運動がある．それらのエネルギーが量子化されているために，分子固有の電波や赤外線を吸収したり放射したりする．光学顕微鏡では見ることのできない分子でも，電波望遠鏡や赤外望遠鏡を使えば，宇宙空間に存在する分子を見つけられる．原子分光法に対して分子分光法という．分子分光法で得られる情報からは，分子の幾何学的構造（結合距離や結合角）などを精密に決定することもできる．まずは，理論的な解釈が簡単な二原子分子の運動から説明する．

1・2 並進運動と分子内運動の分離

原子の場合には原子核が1個なので,原子核の運動としては,3次元空間で原子核の位置が移動する運動だけを考えればよい.このような運動を並進運動という.一方,分子の原子核の運動では,分子全体の位置が動かなくても,原子核と原子核の相対的な位置が変わる運動がある.このような運動を分子内運動という.まずは,異核二原子分子の原子核の運動を調べる.

異核二原子分子のそれぞれの原子核をA,Bと名づけ,質量をm_A, m_Bとする(等核二原子分子の場合には,以下の式で$m_A = m_B$とすればよい).また,それぞれの原子核の位置座標をベクトルで表して,$\boldsymbol{r}_A$と$\boldsymbol{r}_B$とする.これを空間固定座標という(図1・1).運動速度(位置の時間微分)ベクトルは$d\boldsymbol{r}_A/dt$と$d\boldsymbol{r}_B/dt$であり,古典力学で二原子分子の原子核の運動エネルギーTは,

$$T = \frac{1}{2} m_A \left(\frac{d\boldsymbol{r}_A}{dt}\right)^2 + \frac{1}{2} m_B \left(\frac{d\boldsymbol{r}_B}{dt}\right)^2 \qquad (1 \cdot 1)$$

と表される[*1].

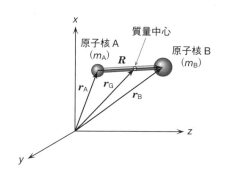

図1・1 位置ベクトル$\boldsymbol{r}_A$, $\boldsymbol{r}_B$, $\boldsymbol{r}_G$と$\boldsymbol{R}$の関係

二つの原子核間の相対位置ベクトル($\boldsymbol{r}_B - \boldsymbol{r}_A$)を$\boldsymbol{R}$,また,質量中心[*2]の位置ベクトルを$\boldsymbol{r}_G$と定義する.質量中心はそれぞれの原子核について,質量中心からの距離に質量を掛け算した値が等しくなる点のことである(やじろべえを思い出すとよい).式で表せば,

$$m_A(\boldsymbol{r}_G - \boldsymbol{r}_A) = m_B(\boldsymbol{r}_B - \boldsymbol{r}_G) \qquad (1 \cdot 2)$$

[*1] ベクトルの2乗はベクトルの内積を表し,ベクトルの大きさの2乗に等しい.

[*2] 重心と質量中心は同じ位置を表す.物体の場合には重心というが,分子のような粒子集団では重心に粒子がないこともあるので,重心ではなく質量中心とよぶ.

となる（両辺のベクトルの向きが一致するように符号を選んだ）．つまり，

$$(m_A + m_B) \bm{r}_G = m_A \bm{r}_A + m_B \bm{r}_B \tag{1・3}$$

である．

(1・3)式と相対位置ベクトルの定義の式（$\bm{R} = \bm{r}_B - \bm{r}_A$）から，

$$\bm{r}_A = \bm{r}_G - \frac{m_B}{m_A + m_B} \bm{R} \qquad \bm{r}_B = \bm{r}_G + \frac{m_A}{m_A + m_B} \bm{R} \tag{1・4}$$

が得られる．これらを(1・1)式に代入すれば，二原子分子の原子核の運動エネルギー T は，$\bm{r}_G$ と $\bm{R}$ を使って次のように書ける．

$$\begin{aligned}
T &= \frac{1}{2} m_A \left\{ \left(\frac{d\bm{r}_G}{dt}\right)^2 - \frac{2m_B}{m_A + m_B}\left(\frac{d\bm{r}_G}{dt}\right)\left(\frac{d\bm{R}}{dt}\right) + \frac{m_B^2}{(m_A + m_B)^2}\left(\frac{d\bm{R}}{dt}\right)^2 \right\} \\
&\quad + \frac{1}{2} m_B \left\{ \left(\frac{d\bm{r}_G}{dt}\right)^2 + \frac{2m_A}{m_A + m_B}\left(\frac{d\bm{r}_G}{dt}\right)\left(\frac{d\bm{R}}{dt}\right) + \frac{m_A^2}{(m_A + m_B)^2}\left(\frac{d\bm{R}}{dt}\right)^2 \right\} \\
&= \frac{1}{2}(m_A + m_B)\left(\frac{d\bm{r}_G}{dt}\right)^2 + \frac{1}{2}\frac{m_A m_B}{m_A + m_B}\left(\frac{d\bm{R}}{dt}\right)^2
\end{aligned} \tag{1・5}$$

ここで，右辺の第1項の $(m_A + m_B)$ は分子の質量 M で置き換えられる．また，第2項の $m_A m_B/(m_A + m_B)$ は換算質量 μ とよばれ，

$$\frac{1}{\mu} = \frac{1}{m_A} + \frac{1}{m_B} \tag{1・6}$$

と定義される．分子の質量 M と換算質量 μ を用いると，(1・5)式は，

$$T = \frac{1}{2} M \left(\frac{d\bm{r}_G}{dt}\right)^2 + \frac{1}{2} \mu \left(\frac{d\bm{R}}{dt}\right)^2 \tag{1・7}$$

となる．第1項が質量中心の運動エネルギー（並進エネルギー）を表し，第2項が分子内運動のエネルギーを表す*．

1・3 振動運動と回転運動の分離

二原子分子の運動をベクトルの成分に分けて考えてみよう．原子核Aと原子核Bが共有結合に関係なく，3次元空間で独立に自由に運動しているとする（図1・2）．それぞれの原子核は分子軸に対して斜めに運動するかもしれないが，どのような運動でも，x 軸方向の運動の単位ベクトル $\bm{v}_x (= d\bm{x}/dt)$，y 軸方向の

---

* 二原子分子の分子内運動のエネルギーが $(1/2)\mu(d\bm{R}/dt)^2$ で表されるということは，質量中心を原点にとる（$\bm{r}_G = \bm{0}$）分子内座標では，質量が換算質量 μ で，位置ベクトルが $\bm{R}$ の1個の粒子の運動として扱えることを意味する．

運動の単位ベクトル $v_y\,(=\mathrm{d}y/\mathrm{d}t)$, z 軸方向の運動の単位ベクトル $v_z\,(=\mathrm{d}z/\mathrm{d}t)$ の線形結合で表すことができる．つまり，それぞれの原子核の 3 次元空間での運動の自由度（独立な運動の種類の数）は 3 であり，合計で 6 となる．

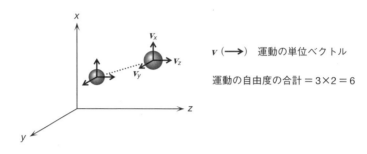

図 1・2　二つの原子核の自由な運動

　二原子分子の分子軸の方向をかりに z 軸とする．もしも，両方の原子核が z 軸の同じ方向に同じ速さで運動すると，分子全体が z 軸方向に移動することになる．この場合には，原子核と原子核の距離が変わらない運動であり，分子全体が z 軸方向に移動するので並進運動である〔図 1・3(a)〕．それぞれの原子核の運動の方向を逆にしても，並進運動の方向が逆になるだけである．一方，それぞれの原子核が z 軸の逆の方向に運動すると，質量中心の位置は変わらない（並進運動がない）．左側の原子核が z 軸の負の方向，右側の原子核が正の方向

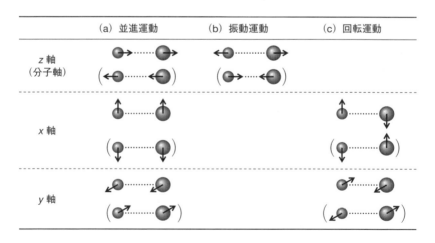

図 1・3　運動の単位ベクトルで表した並進運動，振動運動，回転運動

に運動すれば核間距離は伸び，左側の原子核が正の方向，右側の原子核が負の方向に運動すれば核間距離は縮む．これを振動運動という〔図1・3(b)〕．二原子分子の分子軸方向（z軸方向）のどのような運動も，並進運動と振動運動の線形結合で表すことができる．

次に，分子軸に垂直な方向に原子核が運動する場合を考える．もしも，両方の原子核がx軸の同じ方向に同じ速さで運動すると，z軸方向の並進運動と同様に，原子核と原子核の距離が変わらずに，分子全体がx軸方向に移動する並進運動である．y軸方向についても同様の並進運動を考えることができる．二原子分子の原子核の運動には三つの独立な並進運動がある〔図1・3(a)〕．

もしも，x軸方向の運動で，それぞれの原子核が分子軸に対して逆の方向に運動するとどうなるだろうか．この場合には，分子軸の向きがz軸方向から傾く．分子全体が回転するように（円の接線方向の運動のように）みえるので，これを回転運動という〔図1・3(c)〕．同様に，y軸方向の回転運動を考えることができる．結局，二原子分子の運動はどのような運動でも，三つの並進運動，一つの振動運動，二つの回転運動の合計六つの運動の線形結合で表すことができる．3次元空間で2個の原子核が自由に運動すれば，分子全体の運動の自由度が6（$=3\times2$）であることを意味する．

1・4　平面内での回転運動と剛体回転子近似

これからは質量中心を座標の原点において，並進運動*を除き〔$\boldsymbol{r}_\mathrm{G}=\boldsymbol{0}$だから，(1・7)式で$d\boldsymbol{r}_\mathrm{G}/dt=\boldsymbol{0}$とする〕，分子内運動のエネルギーだけを考えることにする．なお，振動運動のエネルギーについては4章で説明することにして，ここでは，二原子分子全体がくるくると回る回転運動のエネルギーについて説明する．また，実際には分子は振動運動しながら回転運動するが，とりあえず核間距離は変化しないと仮定する．これを剛体回転子近似という．

y軸を回転軸として，二原子分子がxz平面（紙面）内で回転運動するとしよう〔図1・4(a)〕．それぞれの原子核は質量中心を中心に，半径r_Aまたはr_Bの円周上を回転運動する（r_A, r_Bはベクトルではなく大きさを表す）．質量の小さい原子核Aは質量中心から遠い位置にあるから回転半径r_Aは大きく，質量の大

---

*　ある限られた領域で粒子が運動すると，境界条件から量子数が現れて，エネルギーが量子化される（I巻4章参照）．容器の中で粒子の並進運動のエネルギーも量子化されるが，そのエネルギー間隔は狭くてほとんど連続であり，特定の電磁波を吸収しないので分光学では扱わない．

(a) 二原子分子　　　　　　　　(b) 1個の粒子

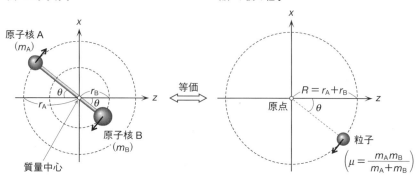

図 1・4　平面内での回転運動

きい原子核 B の回転半径 r_B は小さい．原子核 A の接線方向の速さは，回転半径と分子軸の回転角 θ（z 軸と分子軸のなす角度）の単位時間あたりの変化の積 $r_A(\mathrm{d}\theta/\mathrm{d}t)$ で表される*．$\mathrm{d}\theta/\mathrm{d}t$ は角速度ともいわれ，ω で表されることが多い．そうすると，原子核 A の運動エネルギー T は，古典力学で，

$$T = \frac{1}{2} m_A r_A^2 \omega^2 \tag{1・8}$$

となる．質量中心の反対側にある原子核 B の角速度の大きさも同じ ω（$= \mathrm{d}\theta/\mathrm{d}t$）だから，二原子分子の回転運動のエネルギーは次のようになる．

$$T = \frac{1}{2} m_A r_A^2 \omega^2 + \frac{1}{2} m_B r_B^2 \omega^2 \tag{1・9}$$

回転半径 r_A と r_B は (1・4) 式で $\boldsymbol{r}_G = \boldsymbol{0}$ とおけば，核間距離 R ($= r_A + r_B$) と原子核の質量を使って，次のようになる（大きさを考えるので，符号を削除）．

$$r_A = \frac{m_B}{m_A + m_B} R \qquad r_B = \frac{m_A}{m_A + m_B} R \tag{1・10}$$

したがって，二原子分子の回転運動のエネルギーを表す (1・9) 式は，

---

* 原子核が微小時間 $\mathrm{d}t$ で接線方向に動いたとする．動いた距離は微小の回転角 $\mathrm{d}\theta$ を使って $r_A \tan(\mathrm{d}\theta)$ となる．$\mathrm{d}\theta$ が微小のときにはマクローリン展開を使って，$\tan(\mathrm{d}\theta) \approx \mathrm{d}\theta$ と近似できる．したがって，微小時間 $\mathrm{d}t$ で接線方向に動いた距離は $r_A \mathrm{d}\theta$ であり，接線方向の速さは $r_A \mathrm{d}\theta / \mathrm{d}t$，つまり，$r_A \omega$ となる．マクローリン展開の一般式は $f(x) = f(0) + (\mathrm{d}f/\mathrm{d}x)_{x=0} x + (1/2!)(\mathrm{d}^2 f/\mathrm{d}x^2)_{x=0} x^2 + (1/3!)(\mathrm{d}^3 f/\mathrm{d}x^3)_{x=0} x^3 + \cdots$ である．

1・4 平面内での回転運動と剛体回転子近似

$$T = \frac{1}{2}\left\{\frac{m_A m_B^2}{(m_A+m_B)^2}R^2 + \frac{m_B m_A^2}{(m_A+m_B)^2}R^2\right\}\omega^2$$

$$= \frac{1}{2}\frac{m_A m_B}{m_A+m_B}R^2\omega^2 = \frac{1}{2}\mu R^2\omega^2 \qquad (1\cdot11)$$

となる*.（1・8)式と比べるとわかるが，これは質量 μ の 1 個の粒子が半径 R で回転運動するときのエネルギーと同じである．その様子を図 1・4(b) に示す．

接線方向の運動量の大きさ p_θ は質量 μ に速さ $R\omega$ を掛け算して，

$$p_\theta = \mu R\omega \qquad (1\cdot12)$$

と定義される．(1・12)式を (1・11)式に代入すると，二原子分子の平面内での回転運動のエネルギー T は，運動量の大きさ p_θ を使って，古典力学で，

$$T = \frac{p_\theta^2}{2\mu} \qquad (1\cdot13)$$

となる．あるいは，角運動量の大きさ l は半径 R に運動量 p_θ を掛け算して，

$$l = Rp_\theta \ (=\mu R^2\omega) \qquad (1\cdot14)$$

と定義されるので，次のようにも書ける．

$$T = \frac{l^2}{2\mu R^2} \qquad (1\cdot15)$$

ここで慣性モーメント I を定義する．慣性モーメントというのは，分子を構成するそれぞれの原子核について，回転軸（xz 平面内の回転運動では y 軸）からの距離の 2 乗に質量を掛け算した値の総和のことである．

$$I = m_A r_A^2 + m_B r_B^2 \qquad (1\cdot16)$$

(1・10)式を (1・16)式に代入すると，

$$I = m_A\left(\frac{m_B}{m_A+m_B}R\right)^2 + m_B\left(\frac{m_A}{m_A+m_B}R\right)^2$$

$$= \frac{m_A m_B}{m_A+m_B}R^2 = \mu R^2 \qquad (1\cdot17)$$

となる．慣性モーメントを使うと，二原子分子の平面内での回転運動のエネルギー T は，(1・17)式を (1・15)式または (1・11)式に代入して次のようになる．

$$T = \frac{l^2}{2I}\ \left(=\frac{1}{2}I\omega^2\right) \qquad (1\cdot18)$$

---

* 運動エネルギーを表す (1・7)式で，$(d\boldsymbol{r}_G/dt)^2 = 0$，$(d\boldsymbol{R}/dt)^2 = (R\omega)^2$ とおいても (1・11)式は得られる．

1・5 平面内での回転運動の波動方程式

量子論で分子の運動を扱うためには，運動エネルギーとポテンシャルエネルギーを演算子で表し，波動方程式をたて，波動方程式を解いて波動関数とエネルギー固有値を求める必要がある（I 巻参照）．接線方向の運動量 p_θ を演算子 $\hat{p}_\theta$ に変換すると*，次のようになる．

$$\hat{p}_\theta = -i\hbar \frac{d}{R d\theta} \tag{1・19}$$

ここで，i は虚数単位（$i^2 = -1$），$\hbar$ はプランク定数 h を 2π で割り算した定数である（表 1・1 参照）．また，$d/d\theta$ は角度 θ に関する微分演算子である．(1・19)式を使って，(1・13)式の運動エネルギーを演算子 $\hat{T}$ に変換すれば，次のようになる．

$$\hat{T} = -\frac{\hbar^2}{2\mu R^2}\frac{d^2}{d\theta^2} = -\frac{\hbar^2}{2I}\frac{d^2}{d\theta^2} \tag{1・20}$$

波動方程式をたてるためには，運動エネルギーのほかにポテンシャルエネルギーも考えなければならない．4 章で詳しく説明するが，原子核の運動に対するポテンシャルは電子の存在確率によって決められる．しかし，電子の運動は原子核の運動に比べてとても速いので，分子が回転運動しても，核間距離が変わらなければ，電子の存在確率は分子軸と一緒に方向が変わるだけである（図 1・5）．つまり，回転運動の波動方程式ではポテンシャルエネルギーは変化しないので考える必要がない．そうすると，回転運動の波動方程式は次のようになる．

表 1・1 基礎物理定数

物理定数	記号	数値
真空中の光速度	c	$2.997\ 924\ 58 \times 10^8$ m s^{-1}
電気素量	e	$1.602\ 176\ 620\ 8 \times 10^{-19}$ C
電子の静止質量	m_e	$9.109\ 383\ 56 \times 10^{-31}$ kg
プランク定数	h	$6.626\ 070\ 040 \times 10^{-34}$ J s
ボルツマン定数	k_B	$1.380\ 648\ 52 \times 10^{-23}$ J K^{-1}
アボガドロ定数	N_A	$6.022\ 140\ 86 \times 10^{23}$ mol^{-1}

---

* 運動量の演算子への変換は I 巻 §3・5 で説明した．たとえば，x 軸方向の直線運動の場合には運動量 $p_x = m(dx/dt)$ を $\hat{p}_x = -i\hbar(d/dx)$ のように変換すればよいが，円運動では運動量 p_θ が $\mu(Rd\theta/dt)$ になるので，半径 R を考慮して $\hat{p}_\theta = -i\hbar(d/Rd\theta)$ になる．

1・5 平面内での回転運動の波動方程式

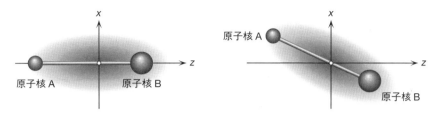

図 1・5 分子が回転運動してもポテンシャルは不変（原子核のまわりの濃淡が電子の存在確率を表す）

$$\left[-\frac{\hbar^2}{2I}\frac{d^2}{d\theta^2}\right]\psi(\theta) = E\psi(\theta) \qquad (1\cdot21)$$

この微分方程式は最も簡単な2階の微分方程式である．一般解は指数関数あるいは三角関数で表される．ここでは次の指数関数を使って考察する．

$$\psi(\theta) = a\exp(ib\theta) \qquad (1\cdot22)$$

定数 a は規格化定数である．規格化定数とは，ある複素関数 ψ にその共役複素関数 ψ^* を掛け算して，全積分範囲で積分した値が1になるようにする定数のことである．このようにすると，波動関数の2乗（$|\psi|^2=\psi^*\psi$）が粒子の存在確率を表す．回転運動の場合には，粒子が回転角 θ になっている確率を表す．

$(1\cdot22)$式の $\psi(\theta)$ の場合には θ の全積分範囲は $0\sim2\pi$ だから[*1]，

$$\int_0^{2\pi} a\exp(ib\theta)\,a\exp(-ib\theta)\,d\theta = \int_0^{2\pi} a^2\,d\theta = 2\pi a^2 = 1 \qquad (1\cdot23)$$

となる．つまり，$a=(1/2\pi)^{1/2}$ だから[*2]，$\psi(\theta)$ は，

$$\psi(\theta) = \left(\frac{1}{2\pi}\right)^{\frac{1}{2}}\exp(ib\theta) \qquad (1\cdot24)$$

となる．また，$(1\cdot22)$式を$(1\cdot21)$式に代入すると，

$$\frac{\hbar^2 b^2}{2I}a\exp(ib\theta) = E\,a\exp(ib\theta) \qquad (1\cdot25)$$

だから，二原子分子の平面内での回転運動のエネルギー固有値 $E_{回転}$ は，

[*1] 3次元空間では角度 ϕ の積分範囲が $0\sim2\pi$ であり，θ の積分範囲が $0\sim\pi$ である（I巻図4・1参照）．ここでは2次元空間なので θ の積分範囲を $0\sim2\pi$ とした．$0\sim\pi$ の範囲の積分値を2倍する（上半分と下半分）と考えても $2\pi a^2$ となり，同じ式である．

[*2] 波動関数の符号は正でも負でも構わない．2乗したときに存在確率という物理的な意味が現れる．ここではかりに正の値とした（I巻§5・3参照）．

$$E_{回転} = \frac{\hbar^2 b^2}{2I} \tag{1・26}$$

となる.ただし,粒子は1周する(2π回転する)と同じ位置になるから,波動関数 $\psi(\theta)$ は,

$$a\exp(ib\theta) = a\exp\{ib(\theta+2\pi)\} = a\exp(ib\theta)\exp(ib2\pi) \tag{1・27}$$

という境界条件を満たす必要がある.つまり,

$$\exp(ib2\pi) = 1 \tag{1・28}$$

の条件を満たす必要がある.左辺はオイラーの公式を使うと $\cos(b2\pi) + i\sin(b2\pi)$ だから,

$$b = 0, \pm 1, \pm 2, \pm 3, \cdots \tag{1・29}$$

となる.b は整数であり,量子数といわれる.

　二原子分子が平面内で回転運動する場合のエネルギー準位を図1・6に示す.エネルギー固有値は回転の量子数 b の2乗に比例するので,b が大きくなるにつれてエネルギー間隔は広がる.また,$b=0$ 以外の準位では二重に縮重する(水平線が2本書いてある).同じエネルギー固有値に対して,波動関数が2種類あるという意味である.たとえば,(1・24)式の b に -1 または $+1$ を代入すれば,2種類の波動関数 $(1/2\pi)^{1/2}\exp(-i\theta)$ と $(1/2\pi)^{1/2}\exp(+i\theta)$ が得られる*.しかし,(1・26)式のエネルギー固有値は同じになる.

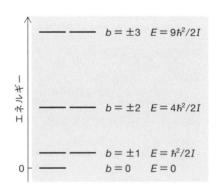

図 1・6　平面内での回転運動のエネルギー準位

＊　Ⅰ巻§20・5で説明したベンゼンのπ電子の回転運動に関する波動方程式〔Ⅰ巻(20・37)式〕の解き方と同じである.ただし,ここでは ϕ の代わりに θ の記号を使っている.

章末問題

1・1 粒子が原点から座標 $(1, 1, 1)$ の位置に移動する運動は，運動の単位ベクトル v_x, v_y, v_z を使ってどのように表されるか．

1・2 前問で，粒子が座標 $(1, 1, 1)$ の位置から座標 $(-1, -1, -1)$ の位置に移動する運動はどのように表されるか．

1・3 ベクトルを使わずに，質量中心からそれぞれの原子核までの距離が $r_A = \{m_B/(m_A+m_B)\}R$ および $r_B = \{m_A/(m_A+m_B)\}R$ で表されることを示せ．

1・4 HD 分子（D は重水素 ^{2}H のこと）の核間距離を 74 pm，H 原子のモル質量を 1.0078 g mol^{-1}，D 原子のモル質量を 2.0141 g mol^{-1} とする．それぞれの原子核の質量中心からの距離を求めよ．1 pm は 1×10^{-12} m のことである．

1・5 H$_2$ 分子および D$_2$ 分子の換算質量（単位は g mol^{-1}）を求めよ．後者は前者のおよそ何倍か．モル質量は前問の数値を使え．

1・6 HF 分子の結合距離を 91.7 pm，H 原子のモル質量を 1.0078 g mol^{-1}，F 原子のモル質量を 18.9984 g mol^{-1} とする．換算質量（単位は kg）と慣性モーメント（単位は kg m^2）を求めよ．アボガドロ定数 N_A を 6.022×10^{23} mol^{-1} とする．

1・7 DF 分子の換算質量 μ と慣性モーメント I を求めよ．必要ならば，問題 1・4 と問題 1・6 の数値を使え．

1・8 等核二原子分子の回転運動で，質量 $m\ (=m_A=m_B)$ と核間距離 R を使って，それぞれの原子核の回転半径を式で表せ．

1・9 等核二原子分子の回転運動で，図 1・4(a) に対応する図を描け．

1・10 異核二原子分子の回転運動では，質量の小さい原子核 A と質量の大きい原子核 B で，どちらの運動エネルギーが大きいか．

2
回転スペクトル

> 核間距離は変わらないという剛体回転子近似を使うと，3次元空間で回転運動する二原子分子の波動関数を球面調和関数で表すことができる．しかし，分子が回転運動すると遠心力がはたらく．遠心力のために核間距離が伸びて慣性モーメントは大きくなり，エネルギー固有値は小さくなる．速く回転すればするほど遠心力の影響は大きい．

2・1　3次元空間での回転運動の波動方程式

§1・5では平面内での回転運動の波動方程式をたて，波動関数とエネルギー固有値を求めた．しかし，実際の分子は2次元ではなく，3次元空間で自由に回転運動する．まずは回転運動に関係なく，全く自由に3次元空間で運動する換算質量 μ の1個の粒子（二原子分子と等価）の運動エネルギー T を古典力学で考える．

$$T = \frac{1}{2}\mu\left\{\left(\frac{dx}{dt}\right)^2 + \left(\frac{dy}{dt}\right)^2 + \left(\frac{dz}{dt}\right)^2\right\} = \frac{1}{2\mu}(p_x{}^2 + p_y{}^2 + p_z{}^2) \quad (2\cdot1)$$

ここで，$\boldsymbol{p}(p_x, p_y, p_z)$ は直交座標系での運動量を表す．量子論では(2・1)式を演算子に変換し，さらに，直交座標系 (x, y, z) から極座標系 (r, θ, ϕ) に変換する．運動エネルギーを表す演算子 $\hat{T}$ は次のようになる*．

$$\hat{T} = -\frac{\hbar^2}{2\mu}\left\{\frac{1}{r^2}\frac{\partial}{\partial r}\left(r^2\frac{\partial}{\partial r}\right) + \frac{1}{r^2\sin^2\theta}\frac{\partial^2}{\partial \phi^2} + \frac{1}{r^2\sin\theta}\frac{\partial}{\partial \theta}\left(\sin\theta\frac{\partial}{\partial \theta}\right)\right\}$$
$$(2\cdot2)$$

回転運動では r が一定であるという束縛条件（剛体回転子近似）がある．つまり，粒子は半径 R の球面内を自由に運動する．そうすると，$r = R$（定数）であり，また，微分を表す $\partial/\partial r$ は0であり，(2・2)式の r の微分に関係する第1項は消える．したがって，3次元空間での回転運動のエネルギーは演算子で，

---

* この変換についてはI巻§4・1を参照．

$$\hat{T} = -\frac{\hbar^2}{2\mu}\left\{\frac{1}{R^2\sin^2\theta}\frac{\partial^2}{\partial\phi^2} + \frac{1}{R^2\sin\theta}\frac{\partial}{\partial\theta}\left(\sin\theta\frac{\partial}{\partial\theta}\right)\right\} \quad (2\cdot 3)$$

となる．慣性モーメント $I\ (=\mu R^2)$ を使って書き直すと，

$$\hat{T} = -\frac{\hbar^2}{2I}\left\{\frac{1}{\sin^2\theta}\frac{\partial^2}{\partial\phi^2} + \frac{1}{\sin\theta}\frac{\partial}{\partial\theta}\left(\sin\theta\frac{\partial}{\partial\theta}\right)\right\} \quad (2\cdot 4)$$

となる．すでに§1・5で説明したように，回転運動ではポテンシャルエネルギーを考えなくてよいから，結局，3次元空間で半径 R の球面内を自由に運動する1個の粒子の波動方程式は次のようになる．

$$\left[-\frac{\hbar^2}{2I}\left\{\frac{1}{\sin^2\theta}\frac{\partial^2}{\partial\phi^2} + \frac{1}{\sin\theta}\frac{\partial}{\partial\theta}\left(\sin\theta\frac{\partial}{\partial\theta}\right)\right\}\right]\psi(\theta,\phi) = E\psi(\theta,\phi) \quad (2\cdot 5)$$

実は，係数 $1/2I$ を除いた演算子は角運動量の2乗の演算子 $\hat{l}^2$ と同じである〔I巻(6・14)式参照〕．そうすると，(2・5)式は次のように書ける[*1]．

$$\frac{1}{2I}\hat{l}^2\psi(\theta,\phi) = E\psi(\theta,\phi) \quad (2\cdot 6)$$

2・2　回転運動の波動関数とエネルギー固有値

　波動方程式(2・6)を解けば，回転運動の波動関数とエネルギー固有値を求めることができる．波動関数の2乗は3次元空間で回転する粒子の角度 (θ,ϕ) での存在確率を表し，エネルギー固有値は粒子の回転運動のエネルギーを表す．古典力学のイメージでは，エネルギー固有値が小さければ回転が遅く，エネルギー固有値が大きければ回転が速いことになる．

　I巻6章で説明したように，角運動量の2乗の演算子 $\hat{l}^2$ の固有関数は球面調和関数 $Y_{l,m}(\theta,\phi)$ であり，また，その固有値は $\hbar^2 l(l+1)$ である[*2]．つまり，

$$\hat{l}^2 Y_{l,m}(\theta,\phi) = \hbar^2 l(l+1) Y_{l,m}(\theta,\phi) \quad (2\cdot 7)$$

が成り立つ．また，球面調和関数 $Y_{l,m}(\theta,\phi)$ は角運動量の z 成分の演算子 $\hat{l}_z$ に関する固有関数でもあり，固有値は $\hbar m$ である．

$$\hat{l}_z Y_{l,m}(\theta,\phi) = \hbar m Y_{l,m}(\theta,\phi) \quad (2\cdot 8)$$

ここで，l と m は量子数を表し，$l = 0, 1, 2, \cdots$ および $m = -l, -l+1, \cdots, +l$ と

[*1]　平面内での回転運動のエネルギーも古典力学では $(1/2I)l^2$ である〔(1・18)式〕．
[*2]　係数が異なるだけで，波動方程式(2・5)はH原子の電子の運動の角度 (θ,ϕ) に関する波動方程式〔I巻(4・46)式〕と同じである．方程式の解き方や，球面調和関数の導き方，固有値の求め方などはI巻4章で丁寧に説明してある．

いう条件がある．(2・7)式の両辺に係数 $1/2I$ を掛け算すれば，(2・6)式は，

$$\frac{1}{2I}\hat{l}^2 Y_{J,M}(\theta,\phi) = \frac{\hbar^2}{2I}J(J+1)Y_{J,M}(\theta,\phi) = EY_{J,M}(\theta,\phi) \quad (2\cdot 9)$$

となり，3次元空間での回転運動の波動関数は球面調和関数で表される．ただし，慣習に従って，回転運動の量子数は l の代わりに J とおき，m の代わりに M とおいた．こうして，3次元空間での二原子分子の回転運動のエネルギー固有値 $E_{回転}$ は，

$$E_{回転} = \frac{\hbar^2}{2I}J(J+1) = BJ(J+1) \quad (2\cdot 10)$$

と求められる（M には依存しない）．J は l と同様に $J = 0, 1, 2, \cdots$ である．

係数 B は回転定数とよばれ，次のように定義した．

$$B = \frac{\hbar^2}{2I} \quad (2\cdot 11)$$

回転定数 B はエネルギーの単位であるが，これをプランク定数 h（表1・1参照）で割り算して，振動数 ν の単位 Hz で表すこともできる*．

$$B(振動数) = \frac{h}{8\pi^2 I} \quad (2\cdot 12)$$

あるいは，さらに真空中の光速度 c（表1・1参照）で割り算して，波長 λ の逆数で定義される波数 $\tilde{\nu}$ の単位 cm^{-1} で表すこともできる*．

$$B(波数) = \frac{h}{8\pi^2 cI} \quad (2\cdot 13)$$

球面調和関数 $Y_{J,M}(\theta,\phi)$ は，表2・1の $\cos\theta$ の関数であるルジャンドル陪多項式 $P_J^{|M|}(\cos\theta)$ と，指数関数 $\exp(iM\phi)$ の積で表される関数である．回転運動の波動関数 $\psi_{回転}$ を規格化定数も含めて具体的に書けば，

$$\psi_{回転} = Y_{J,M}(\theta,\phi) = \left\{\frac{(2J+1)(J-|M|)!}{2(J+|M|)!}\right\}^{\frac{1}{2}} P_J^{|M|}(\cos\theta)\left(\frac{1}{2\pi}\right)^{\frac{1}{2}} \exp(iM\phi)$$

$$(2\cdot 14)$$

となる．J に対する M の条件は l に対する m の条件と同じで，

$$M = -J, -J+1, \cdots, +J \quad (2\cdot 15)$$

---

* 電磁波のエネルギーは $h\nu$ だから，エネルギーを h で割り算すると振動数になる．また，$c = \lambda\nu$ だから，$\tilde{\nu} = 1/\lambda = \nu/c$ となり，振動数を c で割り算すると波数になる〔I巻(1・1)式と(1・5)式参照〕．

2·2 回転運動の波動関数とエネルギー固有値

表 2·1 ルジャンドル陪多項式 ($\xi = \cos\theta$)

$J = 0$	$M = 0$	$P_0^0(\xi) = 1$
$J = 1$	$M = 0$	$P_1^0(\xi) = \xi$
	$M = \pm 1$	$P_1^1(\xi) = (1-\xi^2)^{\frac{1}{2}}$
$J = 2$	$M = 0$	$P_2^0(\xi) = \frac{1}{2}(3\xi^2 - 1)$
	$M = \pm 1$	$P_2^1(\xi) = 3\xi(1-\xi^2)^{\frac{1}{2}}$
	$M = \pm 2$	$P_2^2(\xi) = 3(1-\xi^2)$
$J = 3$	$M = 0$	$P_3^0(\xi) = \frac{1}{2}(5\xi^3 - 3\xi)$
	$M = \pm 1$	$P_3^1(\xi) = \frac{3}{2}(5\xi^2 - 1)(1-\xi^2)^{\frac{1}{2}}$
	$M = \pm 2$	$P_3^2(\xi) = 15\xi(1-\xi^2)$
	$M = \pm 3$	$P_3^3(\xi) = 15(1-\xi^2)^{\frac{3}{2}}$

である.つまり,$J=0$の場合には$M=0$であり,$J=1$の場合には$M=-1$,0,1というように,$2J+1$個の波動関数が縮重する(縮重度という).回転の量子数Jが大きくなるにつれて縮重度も増える.

3次元空間で回転運動する粒子のエネルギー準位(今後は回転エネルギー準位とよぶ)を図2·1に示す.描いた水平線の数はそれぞれのエネルギー固有値の縮重度を表す.なお,ルジャンドル陪多項式$P_J^{|M|}(\cos\theta)$は,回転の量子数Jが偶数の場合には$\cos\theta\,(=\xi)$または$\sin\theta\,[=(1-\xi^2)^{1/2}]$の偶数乗になるので対称関数であり,$J$が奇数の場合には奇数乗になるので反対称関数である.

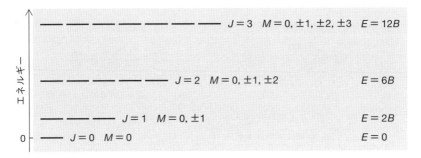

図 2·1 3次元空間での回転エネルギー準位(剛体回転子近似)

2・3 遷移双極子モーメントと選択則

図2・1で示したように，回転運動のエネルギー固有値はとびとびなので，エネルギー間隔に等しいエネルギーをもつ電磁波を吸収したり放射したりして，別のエネルギー準位に移る．これを遷移という．ただし，分子が回転運動によって電磁波を吸収するためには，分子と電磁波が相互作用する必要がある．波動関数の言葉で説明すれば，遷移の確率（遷移のしやすさ）を表す遷移双極子モーメントが0ならば禁制遷移，0でなければ許容遷移である．遷移双極子モーメントというのは，電磁波を吸収したり放射したりする前の波動関数 $\psi_{前}$ と，電気双極子モーメント μ（換算質量ではない）と，遷移した後の波動関数 $\psi^*_{後}$（*は共役複素関数を表す）を掛け算して，全空間で積分した値のことである．

$$遷移双極子モーメント = \int \psi^*_{後} \mu \psi_{前} \, d\tau \tag{2・16}$$

積分因子 $d\tau$ は直交座標系では $dx\,dy\,dz$，極座標系では $r^2\sin\theta\,dr\,d\theta\,d\phi$ である．

異核二原子分子には電気双極子モーメント μ がある．なぜかというと，原子核の種類が異なるとそれぞれの電気陰性度（電子を引っ張る力）が異なり，原子核間にある電子の存在確率が非対称になり，電荷の偏りができるからである〔図2・2(a)〕．電荷の偏りを $-q$ と $+q$ とし，それらの距離を R とすると，電気双極子モーメント（⟹）は大きさが qR で，方向が $-q$ から $+q$ に向くベクトルとして定義される．原子核が分子内運動しなくても常にある電荷の偏りなので，永久電気双極子モーメント $\mu_{永久}$ という．一方，等核二原子分子には $\mu_{永久}$ がない〔図2・2(b)〕．2個の原子核の電気陰性度が同じだから，同じ力で原子核間にある電子を引っ張る．その結果，電子の存在確率は対称であり，永久双極子モーメントの大きさ $\mu_{永久}$ が0なので，(2・16)式の遷移双極子モーメントは0になり，等核二原子分子は回転運動しても電磁波を吸収しない．

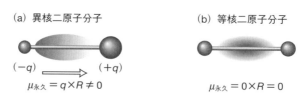

図 2・2 永久電気双極子モーメント（濃淡は原子核間にある電子の存在確率を表す）

異核二原子分子は $\mu_{永久} \neq 0$ であるが，すべての遷移が許容遷移になるわけで

2・3 遷移双極子モーメントと選択則

はない．理解しやすいように，1章で説明した2次元空間での回転運動を使って以下に説明する．まず，空間固定座標系で電磁波の電場の向きを z 軸にとる（図 2・3）．すでに述べたように，遷移のしやすさは電場と永久電気双極子モーメントの相互作用で決まる．したがって，分子が回転運動するときに，永久電気双極子モーメントが電場の方向（z 軸方向）にどのくらいの成分をもつかを考える必要がある．そこで，空間固定座標系とは別に，分子軸を z' 軸，それに垂直な軸を x' 軸とする分子固定座標系を考える．分子固定座標系では，分子が回転運動しても永久電気双極子モーメントは常に分子軸の方向（z' 軸方向）を向く．永久電気双極子モーメントの大きさを μ とすると，分子固定座標系での永久電気双極子モーメント $\mu_{永久}$（分子固定）は，行列を使って，

$$\mu_{永久}(分子固定) = \begin{pmatrix} \mu_{x'} \\ \mu_{z'} \end{pmatrix} = \begin{pmatrix} 0 \\ \mu \end{pmatrix} \tag{2・17}$$

と表される．空間固定座標系で定義される電場との相互作用を考えるためには，(2・17)式を空間固定座標系に変換する必要がある．図 2・3 は角度 θ で回転する座標軸の変換の様子を示す．

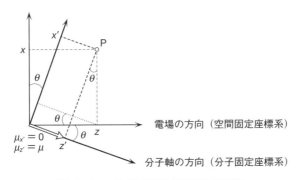

図 2・3　2次元空間での座標軸の回転

一般に点Pの座標 (x, z) を回転した座標 (x', z') で表すと，次のような関係式が得られる（z から x' 軸に向かって垂直に点線の補助線を引くとわかりやすい）．

$$x' = x\cos\theta + z\sin\theta \tag{2・18}$$
$$z' = -x\sin\theta + z\cos\theta \tag{2・19}$$

これらを行列で表せば，次のようになる*．

＊　3次元空間の座標軸の回転も同様であり，3行3列の変換行列は方向余弦テンソルである．

$$\begin{pmatrix} x' \\ z' \end{pmatrix} = \begin{pmatrix} \cos\theta & \sin\theta \\ -\sin\theta & \cos\theta \end{pmatrix} \begin{pmatrix} x \\ z \end{pmatrix} \tag{2・20}$$

変換行列は直交行列なので（章末問題2・4），逆行列は転置行列と同じである．そうすると，座標の逆変換は次のようになる．

$$\begin{pmatrix} x \\ z \end{pmatrix} = \begin{pmatrix} \cos\theta & -\sin\theta \\ \sin\theta & \cos\theta \end{pmatrix} \begin{pmatrix} x' \\ z' \end{pmatrix} \tag{2・21}$$

この変換行列を C とおけば，永久電気双極子モーメント $\mu_{永久}$ の座標変換は，

$$\mu_{永久}(空間固定) = C\mu_{永久}(分子固定) \tag{2・22}$$

と表される．具体的には次のようになる．

$$\begin{pmatrix} \mu_x \\ \mu_z \end{pmatrix} = \begin{pmatrix} \cos\theta & -\sin\theta \\ \sin\theta & \cos\theta \end{pmatrix} \begin{pmatrix} 0 \\ \mu \end{pmatrix} = \begin{pmatrix} -\mu\sin\theta \\ \mu\cos\theta \end{pmatrix} \tag{2・23}$$

電場の方向は空間固定座標系の z 軸方向なので，電場と $\mu_z (= \mu\cos\theta)$ との相互作用を考えればよい．異核二原子分子の回転運動の場合，永久電気双極子モーメントの大きさ μ は定数でも，μ_z は $\cos\theta$ の関数である．ルジャンドル陪多項式と同様に $\cos\theta$ を ξ とおくと，電気双極子モーメント μ_z は $\mu\xi$ となる（θ は空間固定座標系の z 軸からの角度であり，図1・4の θ と同じ）．

3次元空間で，回転エネルギー準位 (J'', M'') から (J', M') への遷移双極子モーメントは，球面調和関数の規格化定数を省略すると，(2・14)式から，

$$遷移双極子モーメント = \int P_{J'}^{|M'|}(\xi) \exp(-iM'\phi)\, \mu\xi\, P_{J''}^{|M''|}(\xi) \exp(iM''\phi)\, d\tau \tag{2・24}$$

となる[*1]．ここで，共役複素関数の虚数部分の符号を変えた．積分因子 $d\tau$ は角度に関するものだから $d\tau = d\xi d\phi$ である[*2]．また，$\xi = \cos\theta$ とおいたので，θ の積分範囲 $0 \sim \pi$ は $\cos 0 \sim \cos\pi$ となり，ξ の積分範囲は $-1 \sim +1$ である．また，ϕ の積分範囲は $0 \sim 2\pi$ だから（11ページ脚注 *1 参照），(2・24)式は，

$$遷移双極子モーメント = \mu \int_{-1}^{+1} P_{J'}^{|M'|}(\xi)\, \xi\, P_{J''}^{|M''|}(\xi)\, d\xi \int_0^{2\pi} \exp\{i(M''-M')\phi\}\, d\phi \tag{2・25}$$

---

*1　2次元空間では角度 ϕ は回転運動に関係しない変数である．

*2　極座標系で表した積分因子 $d\tau$ は $r^2\sin\theta\, dr d\theta d\phi$ である（I巻章末問題5・9参照）．回転運動では R が定数なので $r^2 dr$ は積分因子に含まれない．また，$\xi = \cos\theta$ とおいたので，両辺を微分して $d\xi = -\sin\theta d\theta$ となる．したがって，積分因子 $d\tau$ は $d\xi d\phi$ となる．負の符号は積分範囲の符号で調整した（$+1 \sim -1$ を $-1 \sim +1$ にした）．

となる.ある角度 ϕ に関する指数関数部分は $M' = M''$ のときに $\exp(0) = 1$ となり,積分値は 0 でない.しかし,$M' \neq M''$ では積分値は 0 になる(オイラーの公式を使って三角関数に直し,三角関数を $0 \sim 2\pi$ の範囲で積分すれば 0 になる).つまり,許容遷移になるための条件は $\Delta M\ (= M' - M'') = 0$ である.

ルジャンドル陪多項式には次のような直交性がある[*1].

$$\int_{-1}^{+1} P_{J'}^{|M|}(\xi)\, P_{J''}^{|M|}(\xi)\, d\xi = 0 \quad (J' \neq J''\text{ の場合}) \tag{2・26}$$

つまり,$J' = J''$ の場合にのみ 0 にはならない.さらに,$\xi P_{J}^{|M|}(\xi)$ は $P_{J-1}^{|M|}(\xi)$ と $P_{J+1}^{|M|}(\xi)$ の線形結合で表されるという性質がある(章末問題 2・5).(2・25)式の $\xi P_{J''}^{|M''|}(\xi)$ に $P_{J''-1}^{|M''|}(\xi)$ と $P_{J''+1}^{|M''|}(\xi)$ を代入し,(2・26)式の条件を考慮すると $J' = J'' - 1$ または $J' = J'' + 1$ 以外は 0 となって禁制遷移となることがわかる.つまり,許容遷移になるための条件は $\Delta J\ (= J' - J'') = \pm 1$ である.許容遷移のための量子数の変化の条件を**選択則**という.

2・4 回転スペクトルとボルツマン分布則

どのくらいの電磁波が分子によって吸収されたか(吸光度[*2])を縦軸にとり,電磁波のエネルギーを横軸にとったグラフを**吸収スペクトル**という.回転運動による吸収スペクトルは**回転スペクトル**である.あるいは,吸収される電磁波(吸収線)の種類によって,マイクロ波吸収スペクトルとか,遠赤外吸収スペクトルという.回転の量子数が J から $J+1$ への遷移($J \to J+1$)の吸収線のエネルギーは,(2・10)式から次のように計算できる.

$$\Delta E = B(J+1)(J+2) - BJ(J+1) = 2B(J+1) \tag{2・27}$$

異核二原子分子の模式的な回転スペクトルを図 2・4 に示す.回転の量子数 J が大きくなるにつれて,吸収線のエネルギーはしだいに高くなる.ただし,吸収線($J \to J+1$)と吸収線($J+1 \to J+2$)のエネルギー間隔は,

$$\Delta(\Delta E) = 2B(J+2) - 2B(J+1) = 2B \tag{2・28}$$

[*1] D. A. McQuarrie, J. D. Simon, "Physical Chemistry: A Molecular Approach", University Science Books (1997) ["マッカーリ・サイモン物理化学:分子論的アプローチ,上・下",千原秀昭,江口太郎,齋藤一弥訳,東京化学同人(1999)] 参照.

[*2] 照射した電磁波の強度を I_0,分子がその電磁波の一部を吸収したあとの強度を I とすると,$(I/I_0) \times 100$ を透過率という.透過率が 100% ならば分子による電磁波の吸収はない.また,$\log(I_0/I)$ を吸光度という.吸光度が 0 ならば分子による電磁波の吸収はない.透過率と異なり,吸光度は分子数に比例する物理量である.

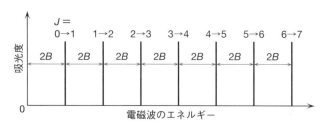

図 2・4　模式的な回転スペクトル

となって一定の値になり，回転の量子数 J に依存しない．

　回転スペクトルの吸光度（縦軸）は，電磁波を吸収する前のエネルギー準位の分子数に比例する．分子が多ければ吸光度は大きくなり，分子が少なければ吸光度は小さくなる．異なるエネルギー準位にある分子数の比はボルツマン分布則で決まる*．低いエネルギー準位にある分子数を n_0，高いエネルギー準位にある分子数を n_1 とすると，分子数の比は，

$$\frac{n_1}{n_0} = \exp\left(-\frac{\Delta E}{k_B T}\right) \tag{2・29}$$

で表される．ここで，ΔE は二つの準位のエネルギー差，k_B はボルツマン定数（表 1・1 参照），T は熱力学温度（単位は K ケルビン）である．

　ボルツマン分布則に従うと，最も低いエネルギー準位（$E = 0$）の分子数 n_0 と，回転の量子数が J のエネルギー準位〔$E = BJ(J+1)$〕の分子数 n_J の比は，

$$\frac{n_J}{n_0} = \exp\left\{-\frac{BJ(J+1)}{k_B T}\right\} \tag{2・30}$$

となる．ただし，(2・15)式で示したように，それぞれのエネルギー準位は $2J+1$ 個の波動関数が縮重しているので，縮重度に比例して分子数が増える．結局，縮重度とボルツマン分布則の両方を考慮した分子数の比は，

$$\frac{n_J}{n_0} = (2J+1)\exp\left\{-\frac{BJ(J+1)}{k_B T}\right\} \tag{2・31}$$

となる．J が大きくなるにつれて，縮重度のために分子数は増えるが，ボルツマン分布則のために分子数は減る．どこかで極大値があるはずである．極大値を示す $J_{\max}$ を求めるためには，(2・31)式を J で微分して 0 とおけばよい．

＊ 中田宗隆著，"化学熱力学—基本の考え方 15 章"，東京化学同人(2012) 参照．

$$2\exp\left\{-\frac{BJ(J+1)}{k_{\rm B}T}\right\} - \frac{B}{k_{\rm B}T}(2J+1)^2 \exp\left\{-\frac{BJ(J+1)}{k_{\rm B}T}\right\} = 0 \quad (2\cdot32)$$

共通する指数関数の部分を消去して整理すれば，次の式が得られる．

$$J_{\rm max} = \left(\frac{k_{\rm B}T}{2B}\right)^{\frac{1}{2}} - \frac{1}{2} \quad (2\cdot33)$$

たとえば，HF分子の回転定数 B は約 20.557 cm^{-1} である．これをエネルギーの単位 J（ジュール）に直すと約 4.084×10^{-22} J である（章末問題 $2\cdot2$）．したがって，室温（$T=300$ K）で吸収線の強度の極大値を示す $J_{\rm max}$（整数）は，

$$J_{\rm max} \approx \left(\frac{1.3806\times10^{-23}\times300}{2\times4.084\times10^{-22}}\right)^{\frac{1}{2}} - \frac{1}{2} \approx 2 \quad (2\cdot34)$$

となり，遷移する前の J が 2 の吸収線の強度が極大になる．図 $2\cdot5$ に相対強度も考慮して，HF分子の回転スペクトルを模式的に描いた．

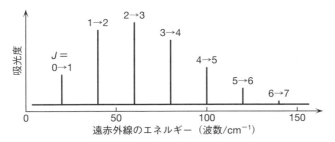

図 $2\cdot5$ **HF** 分子の模式的な回転スペクトル（300 K，ボルツマン分布則と縮重度を考慮）

2・5 回転運動に対する遠心力の影響

　これまでは分子が回転運動しても核間距離 R は変化しないと仮定した（剛体回転子近似）．しかし，実際の分子は剛体ではなく，原子核がばねでつながれたようなものである（4章で詳しく説明する）．そうすると，分子が回転すれば遠心力がはたらき，核間距離が伸びる．分子が速く回転すれば（回転の量子数 J が大きくなれば），遠心力は大きくなり，核間距離も長くなる．核間距離 R が長くなれば慣性モーメント I（$=\mu R^2$）が大きくなり，慣性モーメントの逆数に比例する回転定数 B は小さくなる〔($2\cdot11$)式参照〕．その結果，回転運動のエネルギー固有値は小さくなり，エネルギー準位の間隔も狭くなる．

詳しいことは省略するが，回転運動に対する遠心力の影響は摂動論を利用して解くことができる．その結果，回転運動のエネルギー固有値を表す(2・10)式に2次の項が加わり，

$$E_{回転} = BJ(J+1) - DJ^2(J+1)^2 \qquad (2\cdot35)$$

となる．第2項の係数の D は遠心力歪み定数とよばれ，歪み（distortion）の頭文字である．回転の量子数 J が大きくなれば，遠心力歪みに関係した第2項のために，エネルギー固有値 $E_{回転}$ は J の4乗に比例して急激に小さくなる（第2項の符号は負である）．$J \to J+1$ の遷移で吸収される電磁波のエネルギーは，

$$\begin{aligned}\Delta E &= \{B(J+1)(J+2) - D(J+1)^2(J+2)^2\} - \{BJ(J+1) - DJ^2(J+1)^2\} \\ &= 2B(J+1) - 4D(J+1)^3 \qquad (2\cdot36)\end{aligned}$$

となる．遠心力歪みを考慮した場合と考慮しない場合の回転エネルギー準位を図2・6で比較する（縮重度は省略）．遠心力歪みのために，J が大きくなるにつれて，回転エネルギー準位の間隔は剛体回転子近似に比べて急激に狭くなる．

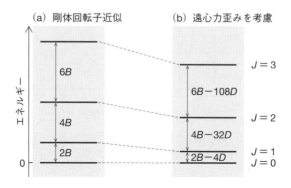

図 2・6　回転エネルギー準位に対する遠心力の影響

回転スペクトルを測定して，いくつかの吸収線のエネルギーを(2・36)式に基づいて解析すれば，回転定数 B と遠心力歪み定数 D を決定できる．代表的な二原子分子の回転定数と遠心力歪み定数を表2・2に示す．これらの値が分子によって異なるおもな理由は，質量が異なるからである（核間距離の違いは質量の違いに比べて大きくない）．質量が小さいほど回転定数 B は大きくなる．また，質量の小さい原子からなる二原子分子は，速く回転運動することによって核間距離が伸びやすく，遠心力歪み定数も大きくなる．ただし，遠心力歪み定数 D は回転定数 B に比べてかなり小さく，ほとんど無視できる．

表 2・2 代表的な二原子分子の回転定数と遠心力歪み定数

	回転定数 B/cm^{-1}	遠心力歪み定数 D/cm^{-1}		回転定数 B/cm^{-1}	遠心力歪み定数 D/cm^{-1}
$^1\text{H}_2$	59.322	4.71×10^{-2}	$^1\text{H}^{19}\text{F}$	20.557	2.15×10^{-3}
$^{14}\text{N}_2$	1.9895	5.76×10^{-6}	$^1\text{H}^{35}\text{Cl}$	10.440	5.32×10^{-4}
$^{16}\text{O}_2$	1.4377	4.84×10^{-6}	$^1\text{H}^{79}\text{Br}$	8.3483	3.46×10^{-4}
$^{19}\text{F}_2$	0.82096	3.30×10^{-6}	$^1\text{H}^{127}\text{I}$	6.4278	2.07×10^{-4}
$^{35}\text{Cl}_2$	0.24326	1.86×10^{-7}	$^{12}\text{C}^{16}\text{O}$	1.9226	6.12×10^{-6}
$^{79}\text{Br}_2$	0.08194	2.09×10^{-8}	$^{14}\text{N}^{16}\text{O}$	1.6634	5.40×10^{-6}
$^{127}\text{I}_2$	0.03731	4.25×10^{-9}	$^{35}\text{Cl}^{19}\text{F}$	0.5143	8.77×10^{-7}

章末問題

2・1 (2・11)式で,回転定数 B がエネルギーの単位であることを確認せよ. $1\,\text{J}=1\,\text{kg}\,\text{m}^2\,\text{s}^{-2}$ である.

2・2 表2・2のHF分子の回転定数 B をJ(ジュール)の単位に直せ. 真空中の光速度を $2.998\times 10^{10}\,\text{cm}\,\text{s}^{-1}$, プランク定数を $6.626\times 10^{-34}\,\text{J}\,\text{s}$ とする.

2・3 HF分子の回転定数からDF分子の回転定数をJの単位で求めよ. 問題1・6と問題1・7の解答の換算質量の比を参考にせよ.

2・4 (2・20)式の変換行列が直交行列であることを確認せよ.

2・5 $\xi P_2^0(\xi)$ を $P_1^0(\xi)$ と $P_3^0(\xi)$ の線形結合で表せ.

2・6 $P_0^0(\xi)$ と $P_2^0(\xi)$ が直交していることを確認せよ.

2・7 ボルツマン分布則を仮定して,300 K で HF 分子の $J=0$ と $J=2$ のエネルギー準位の分子数の比を求めよ. ボルツマン定数 k_B を $1.381\times 10^{-23}\,\text{J}\,\text{K}^{-1}$ とする. 遠心力歪み定数は無視してよい.

2・8 表2・2の回転定数を使って,CO 分子が $J=1$ から $J=2$ へ遷移するときに吸収する電磁波のエネルギーを振動数の単位(Hz)で求めよ. 遠心力歪み定数は無視してよい.

2・9 HF 分子の 700 K での J_max(整数)を求め,300 K と比較せよ. 遠心力歪み定数は無視してよい.

2・10 HF 分子の回転の量子数 $J=1$ のエネルギー固有値と $J=10$ のエネルギー固有値で,遠心力歪み定数の影響を比較せよ.

3
ラマン散乱による回転スペクトル

分子に電磁波を照射すると散乱が起きる.これをレイリー散乱という.レイリー散乱のほかに,照射した電磁波とは異なるエネルギーをもつ電磁波も散乱される.これをラマン散乱という.ラマン散乱は,照射した電磁波が分子の周期的な分子内運動(回転運動や振動運動)に伴うエネルギーのやりとりによって起きる現象である.

3・1 電磁波で誘起される分子分極

表 2・2 には異核二原子分子だけではなく,等核二原子分子の回転定数 B と遠心力歪み定数 D も載せた.等核二原子分子には永久電気双極子モーメント $\mu_{永久}$ はないので,回転運動で電磁波を吸収することはない.つまり,吸収スペクトルを測定できない.等核二原子分子の回転定数や遠心力歪み定数は,どのような実験から求めるのだろうか.実は分子による電磁波の散乱を利用すると,回転スペクトルを測定できる.

分子に電磁波を照射すると,その電磁波は散乱される.これをレイリー散乱という(微粒子による散乱をミー散乱という).散乱というのは,分子との相互作用によって電磁波の進む方向が変わる現象である.この場合には相互作用といっても,分子が電磁波を吸収してエネルギーの高い状態(励起状態)になるわけではない.どうして電磁波の散乱が分子の回転運動に関係するかについて,以下に説明する.

電磁波は電場や磁場が振動する横波である.電場 $\boldsymbol{E}$ (エネルギーではない)の大きさの時間変化は三角関数を使って,以下のように書ける*.

$$E = 2E_0 \cos(2\pi\nu t) \tag{3・1}$$

---

* 電磁波の変位と振幅,波長 λ,振動数 ν,周期 T,それらの関係などについてはⅠ巻3章参照.Ⅰ巻(3・8)式で $a(\sin kx) = E_0$(定数)とおき,$v = \lambda\nu$ と $k\lambda = 2\pi$ より $kv = 2\pi\nu$ とおけば,(3・1)式が得られる.

ここで，E_0 は電場の振幅（変位の最大値），ν は電場の振動数，t は時間を表す．分子が(3・1)式で表される電場の中に置かれると，分子の中の電子が電場の影響を受けて瞬時に動く（図3・1）．そうすると，たとえ等核二原子分子でも電気的な偏りが生まれる．これを分子分極 $\mu_{分極}$ という．電場の方向（----▸）は正から負に向かって定義されるので，電場が右向きならば負の電荷をもつ電子は左に偏り，電場が左向きならば右に偏る．分子分極（⇒）は負の電荷の偏りから正の電荷の偏りの方向に定義されるから（§2・3参照），電場の向きに従って右を向いたり左を向いたりする．分子分極の大きさ $\mu_{分極}$ は電磁波の電場の大きさ E に比例するので，電場が時間変化すれば，それに伴って分子分極の大きさも時間変化する．

$$\mu_{分極} = \alpha E = 2\alpha E_0 \cos(2\pi\nu t) \tag{3・2}$$

ここで，比例定数の α は分極率とよばれる．

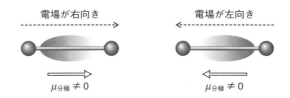

図 3・1 電磁波の電場による分子分極の変化（等核二原子分子）

電荷をもつ粒子が加速度運動すると，電磁波が放射されることが知られている（たとえばシンクロトロン放射）．同様に，分子分極が時間変化しても電磁波が放射される．振動数 ν の電磁波が分子に照射されて，分子分極が(3・2)式で示したように時間変化すれば，電磁波と同じ振動数 ν で分子分極が変化し，同じ振動数 ν の電磁波が分子から放射される．これがレイリー散乱であり，照射される電磁波と散乱される電磁波の振動数（エネルギー）は同じである．レイリー散乱は等核二原子分子だけでなく，原子でも異核二原子分子でも起きる．

3・2 分子と電磁波のエネルギーのやりとり

以上の説明は，分子を構成する原子核が分子内運動していない場合の説明である．もしも，分子が周期的な分子内運動（回転運動あるいは振動運動）すると，分子の分極率 α の電場方向の成分が時間とともに周期的に変化する．回転運動の場合には，分子軸が電場の方向（----▸）に平行になれば，分子軸方向の

分子分極 $\mu_{分極(//)}$ が誘起され〔図 3・2(a)〕，回転運動して分子軸が電場の方向に対して垂直になると，分子軸に垂直方向の分子分極 $\mu_{分極(\perp)}$ が誘起される〔図 3・2(b)〕．

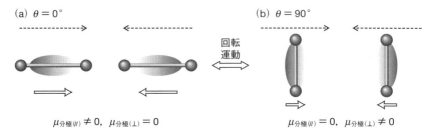

図 3・2　回転運動に伴う分子分極の変化（等核二原子分子）

このように，分子を構成する原子核が振動数 ν' で周期的な分子内運動すると，電場に対する分子分極（図 3・2 の ⇒）の大きさ α が，ν' の周期で変化する．つまり，分極率の大きさ α は定数ではなく $\cos(2\pi\nu' t)$ の関数であり，次のように近似できる（周期的な運動は時間 t を変数とする三角関数で表すことができる）．

$$\alpha = \alpha_0 + \alpha_1 \cos(2\pi\nu' t) \tag{3・3}$$

(3・3)式を(3・2)式に代入すると，分子分極の大きさ $\mu_{分極}$ は，

$$\begin{aligned}\mu_{分極} &= 2\{\alpha_0 + \alpha_1 \cos(2\pi\nu' t)\} E_0 \cos(2\pi\nu t) \\ &= 2\alpha_0 E_0 \cos(2\pi\nu t) + 2\alpha_1 E_0 \cos(2\pi\nu' t) \cos(2\pi\nu t)\end{aligned} \tag{3・4}$$

となる．ここで，三角関数に関する次の公式を使う．

$$\cos(2\pi\nu t - 2\pi\nu' t) = \cos(2\pi\nu t)\cos(2\pi\nu' t) + \sin(2\pi\nu t)\sin(2\pi\nu' t) \tag{3・5}$$

$$\cos(2\pi\nu t + 2\pi\nu' t) = \cos(2\pi\nu t)\cos(2\pi\nu' t) - \sin(2\pi\nu t)\sin(2\pi\nu' t) \tag{3・6}$$

(3・5)式と(3・6)式の両辺を足し算すると，

$$\cos 2\pi(\nu-\nu')t + \cos 2\pi(\nu+\nu')t = 2\cos(2\pi\nu t)\cos(2\pi\nu' t) \tag{3・7}$$

が得られるから，(3・4)式は次のように書ける．

$$\mu_{分極} = 2\alpha_0 E_0 \cos(2\pi\nu t) + \alpha_1 E_0 \{\cos 2\pi(\nu-\nu')t + \cos 2\pi(\nu+\nu')t\} \tag{3・8}$$

第 1 項は電磁波の振動数 ν と同じだからレイリー散乱を表す．第 2 項は照射した電磁波（照射光）の振動数 ν に比べて，分子内運動の振動数 ν' だけ低く

なったり高くなったりする電磁波が散乱されることを表す．これらをラマン散乱という*．分子内運動の振動数 ν' だけ低い電磁波が放射されるということは，分子内運動のエネルギーがそれに応じて高くなることを意味する．つまり，分子は分子内運動に伴うエネルギーの高い準位に遷移する〔図 3・3(a)，図の水平の破線はラマン散乱前後のエネルギー保存則を表す〕．この散乱光をストークス線という．一方，分子内運動の振動数 ν' だけ高い電磁波が放射されれば，分子内運動のエネルギーはそれに応じて低くなる．つまり，分子は分子内運動に伴うエネルギーの低い準位に遷移する〔図 3・3(b)〕．この散乱光をアンチストークス線という．また，照射光とラマン散乱光とのエネルギー差をラマンシフトとよび，分子が電磁波とやりとりした分子内運動のエネルギーの大きさを表す．ラマンシフトは分子内運動（回転運動や振動運動）のエネルギー固有値に関係するが，照射光のエネルギーには関係しない．

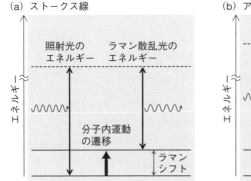
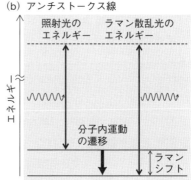

図 3・3　2 種類のラマン散乱

3・3　ラマン散乱による回転遷移の選択則

一般に電場 E は x 成分，y 成分，z 成分をもつベクトルで表される．電場の x 成分によって分子分極の x 成分，y 成分，z 成分が誘起される．これらの分極率を α_{xx}, α_{xy}, α_{xz} と書くことにする．電場の y 成分でも電場の z 成分でも同様である．そうすると，分極率 α は α_{xx} から α_{zz} までの九つの要素をもつテンソルと

---

* ラマン散乱を身近な現象で説明すると次のようになる．円を描いて走る救急車からは，ドップラー効果によって，静止した救急車のサイレンよりも高い音や低い音も聞こえる．音の変化は救急車の走る速度に依存する．古典力学では連続的に音の高さが変わるが，量子論では特定の高い音と低い音が聞こえる．

なる*. 行列で表せば次のようになる.

$$\boldsymbol{\alpha} = \begin{pmatrix} \alpha_{xx} & \alpha_{xy} & \alpha_{xz} \\ \alpha_{yx} & \alpha_{yy} & \alpha_{yz} \\ \alpha_{zx} & \alpha_{zy} & \alpha_{zz} \end{pmatrix} \quad (3\cdot 9)$$

分子の周期的な回転運動に伴うラマン散乱の選択則は，§2・3 で説明した電磁波の吸収による回転遷移の選択則とは異なる. 電磁波の吸収に関しては，回転運動する永久電気双極子モーメント（分子固定座標系）の電磁波の電場の方向（空間固定座標系）への変換が，$\cos\theta$ の関数であることから選択則を導いた. 変換行列を $\boldsymbol{C}$ とすれば〔(2・22)式〕,

$$\boldsymbol{\mu}_{\text{永久}}(\text{空間固定}) = \boldsymbol{C}\boldsymbol{\mu}_{\text{永久}}(\text{分子固定}) \quad (3\cdot 10)$$

である. これは電磁波の電場の方向が空間固定座標系で定義されているために必要な変換である. 電磁波の散乱でも同様に，誘起される分子分極（分子固定座標系）を電磁波の電場の方向（空間固定座標系）に変換する必要がある.

$$\boldsymbol{\mu}_{\text{分極}}(\text{空間固定}) = \boldsymbol{C}\boldsymbol{\mu}_{\text{分極}}(\text{分子固定}) \quad (3\cdot 11)$$

話が簡単でないのは(3・2)式で示したように，分子分極 $\boldsymbol{\mu}_{\text{分極}}$ が分極率 $\boldsymbol{\alpha}$ と電場 $\boldsymbol{E}$ の積になっていることである. 分子固定座標系での分子分極は，分子固定座標系での分極率と電場で決まるから，

$$\boldsymbol{\mu}_{\text{分極}}(\text{分子固定}) = \boldsymbol{\alpha}(\text{分子固定})\boldsymbol{E}(\text{分子固定}) \quad (3\cdot 12)$$

となる. したがって，分子分極を誘起する電場 $\boldsymbol{E}$ も，変換行列 $\boldsymbol{C}$ を使って空間固定座標系に変換しなければならない.

$$\boldsymbol{E}(\text{空間固定}) = \boldsymbol{C}\boldsymbol{E}(\text{分子固定}) \quad (3\cdot 13)$$

変換行列 $\boldsymbol{C}$ は直交行列であり, $\boldsymbol{C}^{-1}$（逆行列）$= {}^t\boldsymbol{C}$（転置行列）が成り立つから（章末問題 2・4), (3・13)式の両辺の左側から逆行列を掛け算して，

$${}^t\boldsymbol{C}\boldsymbol{E}(\text{空間固定}) = \boldsymbol{E}(\text{分子固定}) \quad (3\cdot 14)$$

となる. (3・12)式を(3・11)式に代入し，さらに(3・14)式を代入すると，

$$\boldsymbol{\mu}_{\text{分極}}(\text{空間固定}) = \boldsymbol{C}\boldsymbol{\alpha}(\text{分子固定})\boldsymbol{E}(\text{分子固定})$$
$$= \{\boldsymbol{C}\boldsymbol{\alpha}(\text{分子固定}){}^t\boldsymbol{C}\}\boldsymbol{E}(\text{空間固定}) \quad (3\cdot 15)$$

となる. 回転運動する永久電気双極子モーメント $\boldsymbol{\mu}_{\text{永久}}$ は $\cos\theta$ の関数で変換したが，分極率 $\boldsymbol{\alpha}$ は $\cos^2\theta$ の関数の変換が必要である（章末問題 3・2). そうす

---

* テンソルについては, 中田宗隆著, "量子化学 III—化学者のための数学入門 12 章", 東京化学同人(2005) 参照. たとえば, 物体を x 方向から押すと, 物体は x 方向にも y 方向にも z 方向にも歪む. 歪み具合は方向によって異なる. 歪みはテンソルである.

ると，遷移双極子モーメントは ξ^2 ($=\cos^2\theta$) を挟んで積分する必要がある．

球面調和関数の規格化定数を省略すると，ラマン散乱による回転運動の遷移双極子モーメントは次のようになる*．

$$\text{遷移双極子モーメント} = \alpha \int_{-1}^{+1} P_{J'}^{|M'|}(\xi)\, \xi^2\, P_{J''}^{|M''|}(\xi)\, d\xi \int_0^{2\pi} \exp\{i(M''-M')\phi\}\, d\phi \quad (3\cdot16)$$

§2・3で説明したように，$\xi P_J^{|M|}(\xi)$ は $P_{J-1}^{|M|}(\xi)$ と $P_{J+1}^{|M|}(\xi)$ の線形結合で表される．また，$\xi P_{J-1}^{|M|}(\xi)$ は $P_{J-2}^{|M|}(\xi)$ と $P_J^{|M|}(\xi)$ の線形結合で表され，$\xi P_{J+1}^{|M|}(\xi)$ は $P_J^{|M|}(\xi)$ と $P_{J+2}^{|M|}(\xi)$ の線形結合で表されるから，結局，$\xi^2 P_J^{|M|}(\xi)$ は $P_{J-2}^{|M|}(\xi)$ と $P_J^{|M|}(\xi)$ と $P_{J+2}^{|M|}(\xi)$ の線形結合で表されることになる．電磁波の吸収による回転遷移では，ξ ($=\cos\theta$) を挟む積分なので選択則は ΔJ ($=J'-J''$) $=\pm 1$ であるが，電磁波の散乱による回転遷移では ξ^2 ($=\cos^2\theta$) を挟む積分なので，選択則は $\Delta J = 0, \pm 2$ になる．$\Delta J = 0$ はエネルギーが変わらないレイリー散乱，$\Delta J = +2$ がラマン散乱のストークス線，$\Delta J = -2$ がアンチストークス線である．

3・4 ラマン散乱によるHF分子の回転スペクトル

表2・2からわかるように，最も質量の小さい H_2 分子でも，遠心力歪み定数 D は回転定数 B の約 0.1%である．D は B よりもかなり小さいので無視すると，回転の量子数 J から $J+2$ へ遷移するストークス線のラマンシフトは，(2・10) 式から次のように計算できる．

$$\Delta E = B(J+2)(J+3) - BJ(J+1) = 2B(2J+3) \quad (3\cdot17)$$

$J = 0$ を代入すると，レイリー散乱光に最も近いラマン散乱光のラマンシフトを $6B$ と計算できる．また，ラマン散乱光のエネルギー間隔は，(3・17)式で J を代入した値と $J+1$ を代入した値の差をとると，

$$\Delta(\Delta E) = 2B(2J+2+3) - 2B(2J+3) = 4B \quad (3\cdot18)$$

となる．回転の量子数 $J+2$ から J へ遷移するアンチストークス線のラマンシフトも，符号を逆にするだけで全く同様にして計算できる（章末問題3・5）．

ラマン散乱によるHF分子の模式的な回転スペクトルを図3・4に示す．横軸は散乱光のエネルギー，縦軸は散乱強度を表す．照射光と同じエネルギーの位置にレイリー散乱光が強く現れる．また，レイリー散乱光から $6B$ 離れて，

---

* α は分子固定座標系で表した複数の分極率の要素を含む．

左側にレイリー散乱光よりもエネルギーの低いストークス線が，右側にレイリー散乱光よりもエネルギーの高いアンチストークス線が対称的に現れる．ラマン散乱光のエネルギー間隔は $4B$ である．相対強度は §2・2 で説明した縮重度 $2J+1$ と，§2・4 で説明したボルツマン分布則が反映され，遷移前（→ の左の J）のエネルギー準位の分子数は遠赤外吸収による回転スペクトル（図 2・5）の場合と同じである．たとえば，スペクトルの $J=0\to2$ と $J=2\to0$ の相対強度は，遠赤外吸収による回転スペクトルの $J=0\to1$ と $J=2\to3$ の相対強度に一致する．

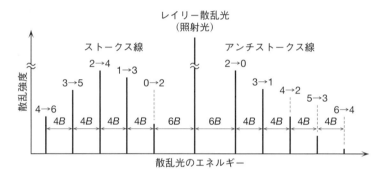

図 3・4　ラマン散乱による HF 分子の模式的な回転スペクトル
（300 K，ボルツマン分布則と縮重度を考慮）

ラマン散乱による回転スペクトルと遠赤外吸収による回転スペクトルの両方から，HF 分子の回転エネルギー準位に関する情報が得られる（表 3・1）．たとえば，$J=1\to2$ の遷移による遠赤外吸収線のエネルギー（82 cm^{-1}）と，$J=2\to3$ の遷移による遠赤外吸収線のエネルギー（123 cm^{-1}）を足し算すれば，

表 3・1　HF 分子の回転スペクトルから得られる情報

ラマン散乱光		遠赤外吸収線	
$J\to J+2$	波数/cm^{-1}	$J\to J+1$	波数/cm^{-1}
0→2	123	0→1	41
1→3	205	1→2	82
2→4	287	2→3	123
3→5	369	3→4	164
4→6	450	4→5	205

$J=1\to3$ の遷移によるラマン散乱光のエネルギー（$205\,\mathrm{cm^{-1}}$）と同じになる．

3・5 原子核のスピン角運動量の影響

HF 分子のような異核二原子分子と異なり，$\mathrm{H_2}$ 分子のような等核二原子分子では，回転運動で 2 個の原子核の位置が交換されたとき（$\theta\to\theta+\pi$）に全く区別できない．このような場合には，回転運動の波動関数の対称性と，原子核のスピン角運動量の波動関数（スピン関数）の対称性を考慮しなければならない．

原子核のスピン角運動量の量子数を I として（慣性モーメントではない），その z 成分の量子数を m_I とすれば，他の角運動量の量子数と同様に，$m_I=-I, -I+1,\cdots,+I$ の条件がある*．電子のスピン角運動量の量子数 s は $1/2$ と決まっているが，原子核のスピン角運動量の量子数 I は原子核を構成する陽子と中性子の数で決まる．陽子も中性子も量子数 I は $1/2$ であり，原則，2 個の陽子や 2 個の中性子のスピン角運動量は相殺されて 0 になる．たとえば，$^1\mathrm{H}$ の原子核は 1 個の陽子のみからできていて，量子数 I は電子と同じ $1/2$ である．一方，$^2\mathrm{H}$（重水素 D のこと）の原子核は 1 個の陽子と 1 個の中性子からできていて $I=1$ である．また，7 個の陽子と 7 個の中性子からなる $^{14}\mathrm{N}$ の原子核は $I=1$ であり，8 個の陽子と 8 個の中性子からなる $^{16}\mathrm{O}$ の原子核は $I=0$ である．ただし，例外もあり，実際に実験をしてみないと，原子核のスピン角運動量の量子数はわからない．代表的な原子核のスピン角運動量の量子数 I を表 3・2 に示す．

表 3・2　代表的な原子核のスピン角運動量の量子数

陽子数	中性子数	量子数 I	原子核の例
偶数	偶数	0	$^4\mathrm{He}$, $^{12}\mathrm{C}$, $^{16}\mathrm{O}$, $^{18}\mathrm{O}$
偶数	奇数	1/2	$^3\mathrm{He}$, $^{13}\mathrm{C}$
		3/2	$^9\mathrm{Be}$
		5/2	$^{17}\mathrm{O}$
奇数	偶数	1/2	$^1\mathrm{H}$, $^{19}\mathrm{F}$, $^{15}\mathrm{N}$
		3/2	$^7\mathrm{Li}$, $^{11}\mathrm{B}$
奇数	奇数	1	$^2\mathrm{H}$, $^6\mathrm{Li}$, $^{14}\mathrm{N}$
		3	$^{10}\mathrm{B}$

* 電子および原子核のスピン角運動量やその量子数については I 巻 7 章参照．

量子数Iが半整数の原子核は電子と同じフェルミ粒子である．一方，量子数Iが整数の原子核は光子と同じボース粒子である．等核二原子分子では2個の原子核が含まれるが，それらがフェルミ粒子の場合には，それぞれの原子核を交換したときに，分子全体の波動関数の符号が変わらなければならないという制限がある．つまり，回転運動の波動関数が対称関数ならば，スピン関数は反対称関数でなければならないし，回転運動の波動関数が反対称関数ならば，スピン関数は対称関数でなければならない．

§2・2で説明したように，回転運動の波動関数はルジャンドル陪多項式を含む(2・14)式で与えられる．ルジャンドル陪多項式は回転の量子数Jが偶数ならば対称関数，奇数ならば反対称関数である（表2・1参照）．一方，原子核のスピン関数も対称関数になったり反対称関数になったりする．たとえば，H_2分子の場合には，2個の原子核のスピン角運動量の量子数は$I=1/2$であり，2個の電子（フェルミ粒子）のスピン関数と同じように考えればよい*．2個の原子核にAとBの名前をつけ，m_Iが$+1/2$のスピン関数をα，$-1/2$のスピン関数をβとする．対称関数は次の三つである〔I巻(9・31)式で1と2をAとBにする〕．

$$\alpha_A \alpha_B \qquad \frac{1}{\sqrt{2}}(\alpha_A \beta_B + \beta_A \alpha_B) \qquad \beta_A \beta_B \qquad (3・19)$$

たとえば，$\alpha_A \alpha_B$は原子核Aのスピン関数がα，原子核Bのスピン関数もαの状態を意味する．原子核のAとBを交換した$\alpha_B \alpha_A$は，順番を変えると$\alpha_A \alpha_B$となって同じになるから対称関数である．このようなスピン関数になっているH_2分子をオルト水素という．

一方，反対称関数は次の一つである〔I巻(9・32)式で1と2をAとBにする〕．

$$\frac{1}{\sqrt{2}}(\alpha_A \beta_B - \beta_A \alpha_B) \qquad (3・20)$$

原子核のAとBを交換すれば，次のようになる．

$$\frac{1}{\sqrt{2}}(\alpha_B \beta_A - \beta_B \alpha_A) = -\frac{1}{\sqrt{2}}(\beta_B \alpha_A - \alpha_B \beta_A) = -\frac{1}{\sqrt{2}}(\alpha_A \beta_B - \beta_A \alpha_B)$$
$$(3・21)$$

---

* 電子のスピン角運動量の波動関数の対称性についてはI巻9章参照．

3・5 原子核のスピン角運動量の影響

符号が変わるので反対称関数である. このようなスピン関数になっている H_2 分子をパラ水素という.

$J=0$ の回転運動の波動関数は対称関数なので, 原子核のスピン関数は反対称関数のパラ水素でなければならない. 一方, $J=1$ の回転運動の波動関数は反対称関数なので, 原子核のスピン関数は対称関数のオルト水素でなければならない. 結局, 遷移する前の回転の量子数 J (→ の左の J) が偶数のエネルギー準位と, J が奇数のエネルギー準位のラマン散乱光の強度比は 1:3 で現れる. 原子核のスピン角運動量に関する対称関数と反対称関数の縮重度の比 (オルトとパラの比) を核スピン重率という. H_2 分子の核スピン重率は 3 である. 核スピン重率とラマン散乱光の強度の関係を図 3・5 に示した (回転の量子数 J の縮重度とボルツマン分布則は省略).

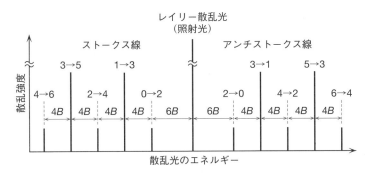

図 3・5 ラマン散乱による H_2 分子の模式的な回転スペクトル
(核スピン重率を考慮)

ラマン散乱による $^{14}N_2$ 分子の回転スペクトルはどうなるだろうか. ^{14}N は $I=1$ である (表 3・2 参照). そうすると, $m_I = +1, 0, -1$ が可能である. m_I が $+1$ のスピン関数を α, -1 のスピン関数を β, 0 のスピン関数を γ とすると, 対称関数は次の六つとなる.

$$\alpha_A \alpha_B \qquad \beta_A \beta_B \qquad \gamma_A \gamma_B$$
$$\frac{1}{\sqrt{2}}(\alpha_A \beta_B + \beta_A \alpha_B) \quad \frac{1}{\sqrt{2}}(\alpha_A \gamma_B + \gamma_A \alpha_B) \quad \frac{1}{\sqrt{2}}(\beta_A \gamma_B + \gamma_A \beta_B)$$
$$(3 \cdot 22)$$

これらはオルト窒素である. また, 反対称関数 (パラ窒素) は次の三つである.

$$\frac{1}{\sqrt{2}}(\alpha_A\beta_B - \beta_A\alpha_B) \quad \frac{1}{\sqrt{2}}(\alpha_A\gamma_B - \gamma_A\alpha_B) \quad \frac{1}{\sqrt{2}}(\beta_A\gamma_B - \gamma_A\beta_B)$$

(3・23)

Iが整数なので^{14}N原子はフェルミ粒子ではなくボース粒子であり,それぞれの原子核を交換したときに,分子全体の波動関数の符号が変わらない対称関数になる必要がある.つまり,Jが偶数の回転エネルギー準位では回転運動の波動関数が対称関数なので,スピン関数も対称関数のオルト窒素である.一方,Jが奇数の回転エネルギー準位では回転運動の波動関数が反対称関数なので,スピン関数は反対称関数のパラ窒素である.結局,ラマン散乱光の相対強度は交互に2:1で現れる.模式的に描いたラマン散乱による^{14}N$_2$分子の回転スペクトルを図3・6に示す(回転量子数Jの縮重度とボルツマン分布則は省略).なお,同位体種^{14}N^{15}N分子や異核二原子分子では,原子核AとBを交換すると同じにならないから,回転スペクトルで核スピン重率を考える必要はない.

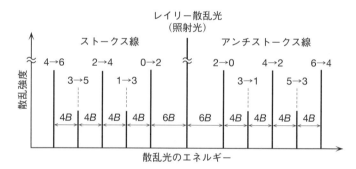

図3・6 ラマン散乱による^{14}N$_2$分子の模式的な回転スペクトル
(核スピン重率を考慮)

章末問題

3・1 HF分子のラマンシフトは$J=3\to5$の遷移が369 cm^{-1}である.回転定数Bを求めよ.

3・2 2次元空間の分子固定座標系で,等核二原子分子の分極率αを分子軸に垂直な成分$\alpha_\perp$と平行な成分$\alpha_\parallel$で表せ.また,空間固定座標系に変換せよ.

3・3 3次元空間の分子固定座標系で,等核二原子分子の分極率αを$\alpha_\perp$と$\alpha_\parallel$で表せ.

3・4 $\xi^2 P_2^0(\xi)$ を $P_0^0(\xi)$ と $P_2^0(\xi)$ と $P_4^0(\xi)$ の線形結合で表せ（表2・1参照）．ただし，$P_4^0(\xi)=(35\xi^4-30\xi^2+3)/8$ である．

3・5 回転の量子数 $J+2$ から J へ遷移するアンチストークス線のラマンシフトを式で表せ．

3・6 表3・1のHF分子の回転スペクトルの情報から，$J=5\to6$ の回転遷移による吸収線のエネルギー（波数）を求めよ．

3・7 ^{20}Neの陽子数と中性子数を答えよ．また，スピン角運動量の量子数 I はいくつと考えられるか．^{21}Neはどのようになるか．

3・8 ラマン散乱による回転スペクトルで，レイリー散乱に最も近いアンチストークス線と，その次に近いアンチストークス線の相対強度は，波動関数の縮重度によってどのようになるか．

3・9 図3・5を参考にして，核スピン重率のみを考慮して，ラマン散乱による ^{15}N$_2$ 分子の模式的な回転スペクトルを描け．

3・10 図3・5を参考にして，核スピン重率のみを考慮して，ラマン散乱による ^{16}O$_2$ 分子と ^{18}O$_2$ 分子の模式的な回転スペクトルを描け．

4
振動スペクトル

二原子分子には回転運動のほかに，核間距離が伸びたり縮んだりする振動運動がある．結合に関与する電子がばねの役割を果たす．分子の振動運動を調和振動子として扱うと，波動方程式をたてることができる．波動方程式はエルミート多項式を使って解くことができ，振動運動のエネルギー固有値は量子化されていることがわかる．

4・1 原子核の運動に対するポテンシャル

最も簡単な分子である水素分子イオン H_2^+ の運動を調べてみよう．原子核は質量が大きいので，その運動は電子の運動に比べてとてもゆっくりである．それぞれの原子核が空間を少し動く間に，電子は原子核のまわりのあらゆる空間を動き回る．そうすると，原子核の運動を考えるためには，電子と原子核を粒子として扱い，粒子間の静電引力や静電斥力に基づくポテンシャルを考える方法（Ⅰ巻§11・1参照）には無理がある〔図4・1(a)〕．むしろ，電子が動き回ってつくる時間平均的な場（これが原子核の運動に対するポテンシャルになる）の中で，原子核が運動するとイメージしたほうがよい〔図4・1(b)〕．まるで電子の海の中で原子核が泳いでいるようなものである．

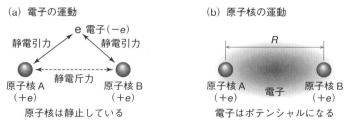

図 4・1　電子の運動と原子核の運動の扱い方の違い

電子の運動と原子核の運動は独立であるという考え方をボルン-オッペンハイマー近似という．つまり，分子全体の波動関数 $\psi_{分子全体}$ が電子の運動に関す

る波動関数$\psi_{電子}$と原子核の運動に関する波動関数$\psi_{原子核}$の積で表されると仮定する.

$$\psi_{分子全体} = \psi_{電子} \times \psi_{原子核} \tag{4・1}$$

ここで,並進運動は分光学で扱わないので省略し(7ページ脚注参照),$\psi_{原子核(分子内)}$を$\psi_{原子核}$と書いた.さらに,原子核の分子内運動を振動運動と回転運動に分けると(§1・3参照),次のようになる.

$$\psi_{分子全体} = \psi_{電子} \times \psi_{振動} \times \psi_{回転} \tag{4・2}$$

$\psi_{回転}$については§2・2で説明した.$\psi_{電子}$についてはI巻および8章と9章で説明する.ここでは振動運動の波動方程式をたて,波動関数$\psi_{振動}$とエネルギー固有値$E_{振動}$を求める.

回転運動ではポテンシャル(原子核に対する電子の存在確率)は変化しないので自由回転として扱った(図1・5参照).一方,振動運動は核間距離が変化する運動なので,原子核間にある電子の存在確率が変化する(図4・2の濃淡が核間距離によって変化する).したがって,振動運動ではポテンシャルエネルギーの変化も考慮しなければならない.電子の海が荒れたり穏やかになったりするようなものである.核間距離が平衡核間距離R_eの場合に最も穏やかな電子の海となる.

(a) 核間距離が伸びる　　　　(b) 核間距離が縮む

図4・2　核間距離に依存する分子のポテンシャル

4・2　振動運動と調和振動子近似

横軸に核間距離をとり,縦軸にH_2^+イオンのエネルギー(ある核間距離での電子運動に伴うエネルギー)をとると図4・3のようになる(I巻の図11・6再掲.ただし,平衡核間距離R_eでのエネルギーを基準にする).平衡核間距離の近くでのポテンシャルの変化は,古典力学で考えれば,ばね(H_2^+では電子)の振動のポテンシャルの変化のようなものである.ばねの場合には,自然長(H_2^+では平衡核間距離R_e)からのずれを変位という.変位を$z (= R - R_e)$,ばね定数(H_2^+では力の定数)をkとすれば,ばねの復元力の大きさFは変位z

に比例し，その比例定数がばね定数である．つまり，

$$F = -kz \tag{4・3}$$

である（分子軸方向を z とした）．これをフックの法則という*．どうして，負の符号をつけたかというと，伸びたら縮み，縮んだら伸び，変位の方向 z とばねにかかる力 F の方向が逆だからである．

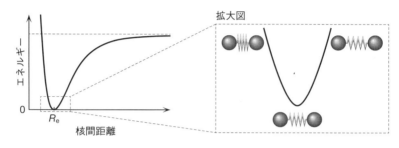

図 4・3 H_2^+ イオンのポテンシャルエネルギー

ある長さ z から自然長になるまでのポテンシャルエネルギー U は，力 F を変位 z から 0 まで積分すればよいから，

$$U = \int_z^0 F \, dz = -\int_z^0 kz \, dz = \frac{1}{2}kz^2 \tag{4・4}$$

となる．ここで，平衡位置（$z=0$）を基準にとり，平衡位置でのポテンシャルエネルギーを 0 とした．(4・4)式から，ばねの場合のポテンシャルエネルギーは変位 z の2乗に比例する（放物線になる）ことがわかる（図4・3の拡大図）．ばねにつながれたように運動する粒子を調和振動子とよぶ．二原子分子は平衡核間距離 R_e の近くでは調和振動子で近似できる．

4・3 振動運動の波動方程式

2個の原子核がばねでつながれて，z 軸方向で振動運動する場合の運動エネルギーを考える．ここでは一般性をもたせるために，2個の原子核の質量 m は異なるとする．これは異核二原子分子のモデルであり，等核二原子分子の場合には以下の式で $m_A = m_B$ とおけばよい．

---

* 質量 μ の1個の粒子に関するフックの法則は $\mu(d^2z/dt^2) = -kz$ である．この方程式を解くと，たとえば $z = \cos(2\pi\nu' t)$ のように，変位 z が時間 t の三角関数で表されることがわかる．ただし，$\nu' = (1/2\pi)(k/\mu)^{1/2}$ とおく．

4・3 振動運動の波動方程式

並進運動を除くために,図4・4(a)のように質量中心を座標の原点におき,それぞれの原子核の座標を z_A と z_B とする.ただし,$z_A < 0$,$z_B > 0$ とする.2個の原子核の分子軸(z軸)方向の運動エネルギー T は,古典力学で,

$$T = \frac{1}{2} m_A \left(\frac{dz_A}{dt}\right)^2 + \frac{1}{2} m_B \left(\frac{dz_B}{dt}\right)^2 \quad (4・5)$$

となる.また,質量中心が原点だから,質量中心の定義〔(1・2)式参照〕から,

$$m_A z_A + m_B z_B = 0 \quad (4・6)$$

が成り立つ.また,原子核Aと原子核Bの核間距離 R ($= z_B - z_A$) は平衡位置 R_e に変位 z を足し算したものだから,次の式が成り立つ.

$$z_B - z_A = R = R_e + z \quad (4・7)$$

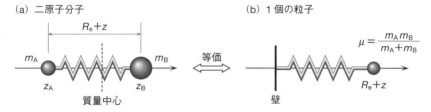

図 4・4 1次元(分子軸方向)の振動運動

(4・6)式と(4・7)式から z_A と z_B を求めると〔(1・10)式参照〕,

$$z_A = -\frac{m_B}{m_A + m_B}(R_e + z) \qquad z_B = \frac{m_A}{m_A + m_B}(R_e + z) \quad (4・8)$$

が得られる.両辺を時間で微分すると,それぞれの原子核の速度は,

$$\frac{dz_A}{dt} = -\frac{m_B}{m_A + m_B}\frac{dz}{dt} \qquad \frac{dz_B}{dt} = \frac{m_A}{m_A + m_B}\frac{dz}{dt} \quad (4・9)$$

となる(定数の R_e は消える).(4・9)式を(4・5)式に代入すれば,

$$T = \frac{1}{2} m_A \frac{m_B^2}{(m_A + m_B)^2}\left(\frac{dz}{dt}\right)^2 + \frac{1}{2} m_B \frac{m_A^2}{(m_A + m_B)^2}\left(\frac{dz}{dt}\right)^2$$

$$= \frac{1}{2} \mu \left(\frac{dz}{dt}\right)^2 \quad (4・10)$$

が得られる*.ここで,(1・6)式で定義される換算質量 μ を用いた.ばねでつ

---

* (1・7)式で $(d\mathbf{r}_G/dt)^2 = 0$,$(d\mathbf{R}/dt)^2 = (dz/dt)^2$ とおいても (4・10)式は得られる.

ながれた質量 m_A と m_B の 2 個の粒子の振動運動〔図 4・4(a)〕の運動エネルギーを表す (4・10) 式は,ばねで壁につながれた質量 μ の 1 個の粒子の振動運動〔図 4・4(b)〕の運動エネルギーと同じである.

運動量 p_z(= 質量 μ × 速度 dz/dt)の演算子 $\hat{p}_z$ は,

$$\hat{p}_z = -i\hbar \frac{d}{dz} \tag{4・11}$$

と表される (10 ページ脚注参照).したがって,振動運動の運動エネルギー T の演算子 $\hat{T}$ は次のようになる*.

$$\hat{T} = \frac{1}{2\mu}\hat{p}_z^2 = -\frac{\hbar^2}{2\mu}\frac{d^2}{dz^2} \tag{4・12}$$

回転運動ではポテンシャルエネルギーは変わらないが (図 1・5 参照),振動運動のポテンシャルエネルギーは (4・4) 式で示したように変位 z の 2 乗に比例する.そうすると,振動運動の波動方程式は次のようになる.

$$\left[-\frac{\hbar^2}{2\mu}\frac{d^2}{dz^2} + \frac{1}{2}kz^2\right]\psi(z) = E\psi(z) \tag{4・13}$$

両辺を $-(\hbar^2/2\mu)$ で割り算して,右辺を左辺に移動すると,

$$\left[\frac{d^2}{dz^2} - \frac{\mu k}{\hbar^2}z^2 + \frac{2\mu}{\hbar^2}E\right]\psi(z) = 0 \tag{4・14}$$

となる.ここで,

$$\left(\frac{\mu k}{\hbar^2}\right)^{\frac{1}{2}} = \alpha \tag{4・15}$$

と定義すると,振動運動の波動方程式は次のように表される.

$$\left[\frac{d^2}{dz^2} - (\alpha z)^2 + \frac{2\alpha^2}{k}E\right]\psi(z) = 0 \tag{4・16}$$

4・4 振動運動の波動関数とエネルギー固有値

振動運動の波動方程式 (4・16) をたてることはできたが,この微分方程式を解くことは容易ではない.幸いなことに,数学者は電子運動の波動関数を求めた場合と同様に (I 巻 4 章参照),多項式展開を使って解を求めてくれている.こ

---

* 全く自由に 3 次元空間で運動する粒子の運動エネルギーの演算子 (2・2) 式で,角度 θ と ϕ に関する第 2 項と第 3 項を消し,$r = R_e$(一定)と近似して微分の外に出し,微分を表す d/dr を d/dz とおいても (4・12) 式が得られる.

4・4 振動運動の波動関数とエネルギー固有値

の場合の波動関数に含まれる多項式をエルミート多項式という．エルミート多項式 H_v を具体的に書くと表4・1のようになる（変数を ζ で表し，$v=4$ 以降は省略）．H はエルミート（Hermite）の頭文字を表し，v は多項式の項の番号を表す．v は0から始まる整数であり，$\psi_{電子}$ で現れた n，l，m_l，s，m_s（I巻§5・1と§7・2参照）や，$\psi_{回転}$ で現れた J，M などと同様に量子数である．

表 4・1 エルミート多項式

$v=0$	$H_0(\zeta) = 1$
$v=1$	$H_1(\zeta) = 2\zeta$
$v=2$	$H_2(\zeta) = 4\zeta^2 - 2$
$v=3$	$H_3(\zeta) = 8\zeta^3 - 12\zeta$

詳しいことは省略するが，$\psi_{振動}$ はエルミート多項式 H_v を含んだ次の式で表される．

$$\psi_{振動} = N_v H_v(\zeta) \exp\left(-\frac{\zeta^2}{2}\right) \tag{4・17}$$

ここで，ζ は $\alpha^{1/2} z$ である．また，N_v は規格化定数（§1・5参照）であり，振動の量子数 v の値によって異なる．規格化定数を含めて，具体的に振動運動の波動関数 $\psi_{振動}$ を z の関数として表4・2に示す．$\psi_{振動}$ の2乗が平衡核間距離から z 離れた位置での原子核の存在確率を表す．

表 4・2 振動運動の波動関数†

$v=0$	$\psi_0(z) = \left(\dfrac{\alpha}{\pi}\right)^{\frac{1}{4}} \exp\left(-\dfrac{\alpha z^2}{2}\right)$
$v=1$	$\psi_1(z) = \left(\dfrac{4\alpha^3}{\pi}\right)^{\frac{1}{4}} z \exp\left(-\dfrac{\alpha z^2}{2}\right)$
$v=2$	$\psi_2(z) = \left(\dfrac{\alpha}{4\pi}\right)^{\frac{1}{4}} (2\alpha z^2 - 1) \exp\left(-\dfrac{\alpha z^2}{2}\right)$
$v=3$	$\psi_3(z) = \left(\dfrac{\alpha^3}{9\pi}\right)^{\frac{1}{4}} (2\alpha z^3 - 3z) \exp\left(-\dfrac{\alpha z^2}{2}\right)$

† $\alpha = (\mu k/\hbar^2)^{1/2}$

たとえば，$\psi_0(z)$ を波動方程式(4・16)に代入してみよう．$\exp(-\alpha z^2/2)$ を変数 z で1回微分すると $-\alpha z \exp(-\alpha z^2/2)$ となり，もう1回微分すると

$-\alpha \exp(-\alpha z^2/2) + (\alpha z)^2 \exp(-\alpha z^2/2)$ だから,

$$
\begin{aligned}
\text{左辺} &= \left[\frac{\mathrm{d}^2}{\mathrm{d}z^2} - (\alpha z)^2 + \frac{2\alpha^2}{k}E\right]\left(\frac{\alpha}{\pi}\right)^{\frac{1}{4}} \exp\left(-\frac{\alpha z^2}{2}\right) \\
&= \left(\frac{\alpha}{\pi}\right)^{\frac{1}{4}}\left\{-\alpha \exp\left(-\frac{\alpha z^2}{2}\right) + (\alpha z)^2 \exp\left(-\frac{\alpha z^2}{2}\right)\right. \\
&\quad \left. - (\alpha z)^2 \exp\left(-\frac{\alpha z^2}{2}\right) + \frac{2\alpha^2}{k}E \exp\left(-\frac{\alpha z^2}{2}\right)\right\} \\
&= \left(\frac{\alpha}{\pi}\right)^{\frac{1}{4}}\left(-\alpha + \frac{2\alpha^2}{k}E\right)\exp\left(-\frac{\alpha z^2}{2}\right) \qquad (4\cdot 18)
\end{aligned}
$$

となる. ここで, もしも $-\alpha + (2\alpha^2/k)E = 0$ の条件が成り立つならば, $(4\cdot 18)$ 式は 0 になって, 振動運動の波動方程式 $(4\cdot 16)$ が成り立つ. つまり, 振動運動のエネルギー固有値 $E_{振動}$ は,

$$
E_{振動} = \frac{k}{2\alpha} = \frac{k\hbar}{2(\mu k)^{\frac{1}{2}}} = \hbar\left(\frac{k}{\mu}\right)^{\frac{1}{2}}\left(\frac{1}{2}\right) \qquad (4\cdot 19)
$$

となる. $v = 1$ の場合や $v = 2$ の場合なども調べるとわかるが, 振動運動のエネルギー固有値は振動の量子数 v を使って, 一般に,

$$
E_{振動} = \hbar\left(\frac{k}{\mu}\right)^{\frac{1}{2}}\left(v + \frac{1}{2}\right) \qquad v = 0, 1, 2, \cdots \qquad (4\cdot 20)
$$

と表される. もちろん, $(4\cdot 20)$ 式で $v = 0$ を代入すれば $(4\cdot 19)$ 式となる.

振動運動のエネルギー固有値 $E_{振動}$ は波数の単位 (cm^{-1}) で表されることが多い. そこで, $(4\cdot 20)$ 式をプランク定数 h と光の速度 c で割り算して (16 ページ脚注参照), 波数 (cm^{-1}) の単位にすると,

$$
E_{振動}(\text{波数}) = \frac{1}{2\pi c}\left(\frac{k}{\mu}\right)^{\frac{1}{2}}\left(v + \frac{1}{2}\right) = \nu_e\left(v + \frac{1}{2}\right) \qquad (4\cdot 21)
$$

となる. ここで, ν_e は基本振動数とよばれ, 次の式で定義した.

$$
\nu_e(\text{波数}) = \frac{1}{2\pi c}\left(\frac{k}{\mu}\right)^{\frac{1}{2}} \qquad (4\cdot 22)
$$

基本振動数 ν_e のエネルギーは $200 \sim 5000\,\mathrm{cm}^{-1}$ の赤外線の領域である. 赤外線の吸収による振動スペクトルを赤外吸収スペクトルという.

$(4\cdot 21)$ 式からわかるように, 振動の量子数 v が大きくなれば, エネルギー固有値も大きくなる. 古典力学でイメージすれば, エネルギー固有値が大きくなると, ばねが速く振動し, エネルギー固有値が小さくなると, ばねがゆっくり

4・4 振動運動の波動関数とエネルギー固有値

と振動する．ただし，古典力学では，ばねのエネルギーを連続的に自由に変えることができるが，量子論ではとびとびの値しかとれない．

振動運動のエネルギー準位（今後は振動エネルギー準位とよぶ）を図4・5に示す．平衡核間距離 R_e でのポテンシャルエネルギーを基準の0と定義したので，エネルギー固有値は常に正の値になる．また，量子数 v と $v+1$ の振動エネルギー準位の間隔 ΔE は(4・21)式を使って次のように計算できる．

$$\Delta E = \nu_e\left(v+1+\frac{1}{2}\right) - \nu_e\left(v+\frac{1}{2}\right) = \nu_e \qquad (4・23)$$

つまり，エネルギー準位の間隔は量子数 v に依存せずに一定であり，常に基本振動数 ν_e である．

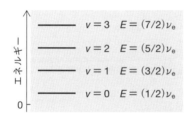

図 4・5　振動エネルギー準位（調和振動子近似）

回転運動の最低のエネルギー固有値は，$J=0$ を $E = BJ(J+1)$ に代入して $E=0$ であった．つまり，回転運動は止まることがある．一方，振動運動の最低のエネルギー固有値は，$v=0$ を(4・21)式に代入しても $(1/2)\nu_e$ となって0にはならない．このことは，分子のエネルギーがどんなに低くても，たとえば，温度が絶対零度であっても，分子の振動運動が止まらないことを意味する．この振動を零点振動といい，このときの振動運動のエネルギーを零点振動エネルギーという．

次に，振動運動の波動関数 $\psi_{振動}$ を調べてみよう．表4・2からわかるように，振動の量子数 v が偶数の場合には，波動関数は z の偶数乗の関数だから対称関数である．このことは具体的に波動関数を描いてもわかる〔図4・6(a)〕．一方，量子数 v が奇数の場合には，波動関数は z の奇数乗の関数だから反対称関数になる（指数関数の部分は対称関数であり，反対称関数×対称関数＝反対称関数）．反対称関数は平衡核間距離での波動関数の値が0であり，また，伸びた位置と縮んだ位置の波動関数の符号が逆になる．回転運動の波動関数と同様に，

量子数 v が大きくなるにつれて,対称関数と反対称関数が交互に現れる.もちろん,波動関数を 2 乗すれば,すべての変位 z で 0 または正の値となり,存在確率は左右対称になる〔図 4・6(b)〕.

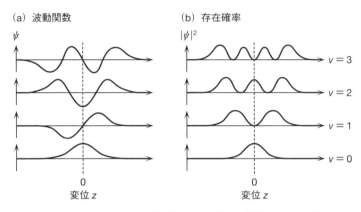

図 4・6 振動運動の波動関数と存在確率(調和振動子近似)

$v=0$ の状態では平衡核間距離での存在確率が最も大きい.ほとんどの分子は平衡核間距離になっているという意味である.一方,$v=1$ では平衡核間距離になる確率は 0 である.平衡核間距離になることがありえないのに,どうして,ばねのように核間距離が伸びたり縮んだりできるのかと不思議に思う人もいるかもしれない.しかし,これが量子論の世界である.量子論では刻一刻と変わる粒子の位置の変化(軌跡)を追いかけることはできない.単に,その位置での存在確率を知ることができるだけである.また,表 4・2 の波動関数からわかるように,z が無限大にならない限り,波動関数の値は 0 にならない.古典力学とは異なり,核間距離がどのように長くなる確率も完全には 0 にならないという意味である.

4・5 赤外吸収による振動遷移の選択則

等核二原子分子は永久電気双極子モーメントの大きさ $\mu_{永久}$ が 0 なので,回転運動によってマイクロ波や遠赤外線を吸収しない.異核二原子分子は $\mu_{永久} \neq 0$ なのでマイクロ波や遠赤外線を吸収する.ただし,$\Delta J = \pm 1$,$\Delta M = 0$ という選択則がある(§2・3 参照).振動運動も同様である.等核二原子分子は赤外線を吸収しないが,異核二原子分子は赤外線を吸収する.ただし,以下に説明す

るような選択則がある.

　回転運動に関する遷移双極子モーメントは，遷移する前と後の波動関数で永久電気双極子モーメント $\mu_z = \mu\cos\theta$ を挟んで積分して求めた〔(2・16)式参照〕.一方，振動運動の方向は電磁波の電場の方向に対して変化しない（ともに空間固定座標系で定義できるという意味）.つまり，回転運動と異なり，θ は定数だから $\cos\theta$ も定数となり，単に，永久電気双極子モーメントを挟んで積分すればよい.ただし，永久電気双極子モーメントの大きさ μ 〔$= qR = q(R_e + z)$〕は定数ではなく（図2・2参照），核間距離 z の関数である.振動運動の遷移双極子モーメントは，

$$\text{遷移双極子モーメント} = \int_{-\infty}^{+\infty} \psi_{v'}(z)\, q(R_e + z)\, \psi_{v''}(z)\, dz$$
$$= qR_e \int_{-\infty}^{+\infty} \psi_{v'}(z)\, \psi_{v''}(z)\, dz + q \int_{-\infty}^{+\infty} \psi_{v'}(z)\, z\, \psi_{v''}(z)\, dz$$
$$(4\cdot 24)$$

となる（ψ は実関数なので複素共役関数を表す * は省略した）.ここで，(4・17)式を代入して，係数や規格化定数 N_v を省略すると，

$$\text{遷移双極子モーメント} = \int_{-\infty}^{+\infty} H_{v'}(\zeta)\exp\!\left(-\frac{\zeta^2}{2}\right) H_{v''}(\zeta)\exp\!\left(-\frac{\zeta^2}{2}\right) d\zeta$$
$$+ \int_{-\infty}^{+\infty} H_{v'}(\zeta)\exp\!\left(-\frac{\zeta^2}{2}\right) \zeta\, H_{v''}(\zeta)\exp\!\left(-\frac{\zeta^2}{2}\right) d\zeta$$
$$(4\cdot 25)$$

となる.ただし，$\zeta = \alpha^{1/2} z$ である（積分因子は $d\zeta = \alpha^{1/2} dz$ であり，係数の違いは省略）.回転運動の波動関数に含まれるルジャンドル陪多項式と同様に，$H_v(\zeta)\exp(-\zeta^2/2)$ には直交性がある[*1].

$$\int_{-\infty}^{+\infty} H_{v'}(\zeta)\exp\!\left(-\frac{\zeta^2}{2}\right) H_{v''}(\zeta)\exp\!\left(-\frac{\zeta^2}{2}\right) d\zeta = 0 \quad (v' \neq v''\text{ の場合})$$
$$(4\cdot 26)$$

したがって，$v' = v''$ の場合（$\Delta v = v' - v'' = 0$）に(4・25)式の第1項は0でないので許容遷移である.ただし，これは振動状態が変わらないことを意味するから振動遷移ではない.しかし，$\Delta v = 0$ が許容遷移になるおかげで，2章で説

[*1] D. A. McQuarrie, J. D. Simon, "Physical Chemistry: A Molecular Approach", University Science Books (1997) ["マッカーリ・サイモン物理化学: 分子論的アプローチ，上・下", 千原秀昭, 江口太郎, 齋藤一弥訳, 東京化学同人(1999)] 参照.

明したマイクロ波や遠赤外線の吸収による回転スペクトルが観測される．振動遷移を伴わない回転スペクトルを純回転スペクトルという．

一方，(4・25)式の第2項の $\zeta H_v(\zeta)$ は $H_{v-1}(\zeta)$ と $H_{v+1}(\zeta)$ の線形結合で表される（表4・1参照）．たとえば，

$$\zeta H_1(\zeta) = 2\zeta^2 = 1 + \frac{1}{2}(4\zeta^2 - 2) = H_0(\zeta) + \frac{1}{2}H_2(\zeta) \quad (4・27)$$

となる．そうすると，(4・25)式の第2項はルジャンドル陪多項式と同様に，$v' = v'' - 1$ または $v'' + 1$ の場合（$\Delta v = \pm 1$）には 0 にならないので許容遷移である．$\Delta v = \pm 1$ 以外の振動遷移は禁制遷移である．なお，$\Delta v = +1$ が赤外吸収スペクトル，$\Delta v = -1$ が赤外発光スペクトルとなる．

章末問題

4・1 ばねの振動運動で，2個の重りの質量を m，自然長を r，自然長での重りの速さを v，ばね定数を k とする．ばねがのびきったときの変位 z をエネルギー保存則から求めよ．

4・2 ばね定数 k の単位を求めよ．

4・3 (4・9)式を使って，原子核の質量 m の等核二原子分子について，それぞれの原子核の速度を式で求めよ．

4・4 (4・6)式と(4・7)式から(4・8)式を導け．

4・5 表4・1と表4・2を比較して，量子数 $v = 1$ の波動関数 $\psi_1(z)$ の規格化定数 N_1 を計算せよ．

4・6 量子数 $v = 1$ の波動関数 $\psi_1(z)$ を波動方程式(4・16)に代入してエネルギー固有値を求め，(4・20)式で $v = 1$ を代入した式と一致することを確認せよ．

4・7 量子数 $v = 2$ の波動関数 $\psi_2(z)$ で，存在確率が 0 となる核間距離を式で求めよ．

4・8 $\zeta H_2(\zeta)$ を $H_1(\zeta)$ と $H_3(\zeta)$ の線形結合で表せ．

4・9 $H_0(\zeta)\exp(-\zeta^2/2)$ と $H_1(\zeta)\exp(-\zeta^2/2)$ が直交することを示せ．

4・10 H_2 分子と D_2 分子のどちらの零点振動のエネルギーが高いか．ただし，電子の存在確率（ポテンシャル）は同じとする．

5
振動運動の非調和性

> ばねの振動運動はフックの法則に従う調和振動である．しかし，実際の分子の振動運動は，平衡核間距離から離れると非調和になる．振動運動のエネルギーが高くなるにしたがって，非調和性のために分子の核間距離は長くなる．分子の振動スペクトルを丁寧に測定すると，振動運動に対する非調和性の影響を実験で確認できる．

5・1 モース関数によるポテンシャルの近似

4章では，二原子分子がフックの法則に従って振動すると仮定して波動方程式をたて，振動運動のエネルギー固有値と波動関数を求めた．これを調和振動子近似という．しかし，図4・3から明らかなように，この近似が実際の分子で成り立つのは，平衡核間距離 R_e の近くにおいてのみである．実際の分子では，核間距離 R が0に近づけばポテンシャルエネルギーは急激に高くなり，核間距離が無限大に近づけば，ある一定の値に漸近する．左右対称な調和振動ではなく，明らかに非対称な振動運動である．できるだけ忠実に実際の二原子分子の振動運動を扱うためには，ポテンシャルをどのように扱ったらよいだろうか．

平衡核間距離の近くだけではなく，広い範囲で二原子分子のポテンシャルエネルギー U を近似的に表す式がある．その代表的な例がモース関数（モースポテンシャルともいう）である（図5・1）．モース関数を変位 z $(=R-R_e)$ の関数で表せば，

$$U(z) = D_e\{1-\exp(-\beta z)\}^2 \qquad (5\cdot 1)$$

となる．ここで，D_e と β は二原子分子を構成する原子核の種類に依存する定数であり，正の値である（D_e は遠心力歪み定数とは無関係）．まずは，この式が本当に二原子分子のポテンシャルエネルギーを近似的に表すかどうかを調べてみよう．

$z=-R_e$ のとき，つまり，核間距離 R が0では2個の原子核が同じ位置にあることを表し，(5・1)式のポテンシャルエネルギー U は，

5. 振動運動の非調和性

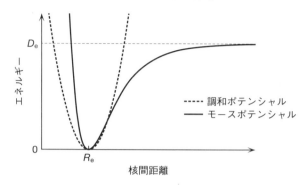

図 5・1　調和ポテンシャルとモースポテンシャル

$$U(-R_e) = D_e\{1-\exp(\beta R_e)\}^2 \tag{5・2}$$

となる．右辺は $1-\exp(\beta R_e)$ の2乗に比例し，β も R_e も 0 ではないので，かなり大きな値となる．正の電荷をもつ原子核間の静電斥力によって，ポテンシャルエネルギーはかなり大きくなることを表す．また，平衡核間距離（$R = R_e$，つまり，$z = 0$）では，(5・1)式の指数関数の部分は $\exp(0) = 1$ だから，ポテンシャルエネルギーは基準の 0 となる．一方，核間距離が無限大では，指数関数の部分は $\exp(-\infty) = 0$ だから，ポテンシャルエネルギーは D_e となる．核間距離が無限大ということは，二原子分子が2個の原子に解離しているということだから，D_e のことを解離エネルギー（dissociation energy）という．あるいは，2個の原子が結合して分子になるときの安定化エネルギーなので，結合エネルギーともいう*．

実際の二原子分子のポテンシャルエネルギーが(5・1)式のモース関数で近似できることがわかったので，振動運動の波動方程式(4・13)を書き直してみよう．$(1/2)kz^2$ の代わりにモース関数を用いると，

$$\left[-\frac{\hbar^2}{2\mu}\frac{d^2}{dz^2} + D_e\{1-\exp(-\beta z)\}^2\right]\psi(z) = E\psi(z) \tag{5・3}$$

となる．この波動方程式を解けば，実際の二原子分子の振動運動のエネルギー固有値 $E_{振動}$ と波動関数 $\psi_{振動}$ を求めることができる．

---

* 量子論では，分子の波動関数を二つの原子核の波動関数の重なりで考える．クーロン積分，共鳴積分，重なり積分を使った二原子分子のポテンシャルエネルギーについてはI巻§11・5で説明した．

5・2 振動運動に対する非調和性の影響

モース関数を平衡核間距離 R_e の近く ($z \approx 0$) でマクローリン展開すると (8 ページ脚注参照),

$$\begin{aligned}
D_e\{1-\exp(-\beta z)\}^2 &= D_e\left\{1-\left(1-\beta z+\frac{1}{2}\beta^2 z^2+\cdots\right)\right\}^2 \\
&= D_e\left(\beta z-\frac{1}{2}\beta^2 z^2+\cdots\right)^2 \\
&= D_e(\beta^2 z^2-\beta^3 z^3+\cdots) \quad (5 \cdot 4)
\end{aligned}$$

となる.(5・4)式の第 1 項は z^2 に比例するので調和項という.第 2 項以降を無視すれば調和ポテンシャルとなり,$D_e\beta^2$ が波動方程式(4・13)の $(1/2)k$ に対応する.(5・4)式の第 2 項以降を非調和項という.ふつうは第 3 項以降の高次項の影響は小さいので,第 2 項までで近似する.詳しいことは省略するが,波動方程式(5・3)は摂動法で解くことができる.その結果,回転運動のエネルギー固有値を表す(2・35)式と同様に,振動運動のエネルギー固有値は(4・21)式に 2 次の項が加わる.

$$E_{振動}(波数) = \nu_e\left(v+\frac{1}{2}\right) - x_e\nu_e\left(v+\frac{1}{2}\right)^2 \quad (5 \cdot 5)$$

x_e は非調和定数とよばれ,0.01〜0.05 という小さな値である.つまり,エネルギー固有値に対する非調和性の影響は 1〜5% である.ただし,振動の量子数 v が大きくなるにつれて,第 2 項の非調和性の影響が大きくなる.第 1 項は v に比例するが,第 2 項は v の 2 乗に比例するからである.その結果,振動エネルギー準位の間隔はしだいに狭くなる(第 2 項の符号が負である).実際に,(5・5)式を使って,振動の量子数が v と $v+1$ のエネルギー準位の間隔を計算すると,

$$\begin{aligned}
\Delta E(波数) &= \left\{\nu_e\left(v+\frac{3}{2}\right)-x_e\nu_e\left(v+\frac{3}{2}\right)^2\right\} - \left\{\nu_e\left(v+\frac{1}{2}\right)-x_e\nu_e\left(v+\frac{1}{2}\right)^2\right\} \\
&= \nu_e - 2x_e\nu_e(v+1) \quad (5 \cdot 6)
\end{aligned}$$

となる.調和振動子近似では,振動エネルギー準位の間隔はすべて基本振動数 ν_e であった.しかし,非調和性を考慮すると,(5・6)式の第 2 項が v に比例して大きくなるので,振動の量子数 v が大きくなるにつれて,振動エネルギー準位の間隔はしだいに狭くなる.調和振動のエネルギー準位と非調和性を考慮したエネルギー準位を図 5・2 で比較した.

5. 振動運動の非調和性

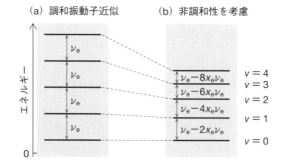

図 5・2　振動エネルギー準位に対する非調和性の影響

振動の量子数 $v=0$ から $v=1$ への遷移による赤外吸収線のことを基本音とよぶ．電磁波は音波ではないが，電場や磁場が振動する波なので，媒質が振動する音と同じように考えて基本音という．基本音の波数は(5・6)式で $v=0$ を代入して $\nu_e - 2x_e\nu_e$ となる．振動運動の非調和性を考慮すると，基本音は基本振動数 ν_e とは異なり，$2x_e\nu_e$ の差がある．非調和性の大きな分子では，この差が大きくなる．量子数 $v=1 \to 2$ の遷移による赤外吸収線や，$v=2 \to 3$ の遷移による赤外吸収線のことをホットバンドという．図5・2で示したように，ホットバンドのエネルギーは $\nu_e - 4x_e\nu_e$，$\nu_e - 6x_e\nu_e$，… などと計算でき，基本音 $\nu_e - 2x_e\nu_e$ との差がしだいに大きくなる．

5・3　HF分子の基本音，ホットバンド，倍音

例として，HF分子が吸収する赤外線を表5・1に示す．基本音の振動数は $3958\,\mathrm{cm}^{-1}$ である．また，振動の量子数 $v=1$ と $v=2$ のエネルギー準位の間隔は $3778\,\mathrm{cm}^{-1}$ であり，これがホットバンドである．非調和性を考慮しない場合には，すべてのホットバンドのエネルギーは基本音と同じエネルギーになるが〔図5・2(a)参照〕，非調和性のために少しずつ低くなるので，異なる赤外線の吸収として観測できる．ただし，§2・4で説明したボルツマン分布則に従い，ほとんどの分子はエネルギーの最も低い量子数 $v=0$ の状態（これを振動基底状態という）になっていて，量子数 $v=1$ の状態（これを振動励起状態という）になっている分子はほとんどない．振動基底状態 $v=0$ と振動励起状態 $v=1$ のエネルギー差は，回転基底状態 $J=0$ と回転励起状態 $J=1$ のエネルギー差に比べて2桁も大きいからである．したがって，ホットバンドは基本音の吸光

5・3 HF 分子の基本音，ホットバンド，倍音

度に比べてかなり小さく，観測がむずかしい．ただし，温度を高くすると，ボルツマン分布則に従って，$v=1$ の状態の分子数が増えてホットバンドの吸光度が大きくなる．ホットバンドとよばれる理由である．

表 5・1 HF 分子の赤外吸収線

	$v \to v+1$	波数/cm^{-1}	
基本音	0→1	3958	
ホットバンド	1→2	3778	}−180
	2→3	3599	}−179
	3→4	3419	}−180
	4→5	3239	}−180

調和振動では $\Delta v = \pm 1$ 以外の振動遷移は禁制遷移である（$\Delta v = 0$ は純回転遷移）．しかし，非調和性のために振動運動の波動関数はエルミート多項式では近似できなくなり，直交性が厳密には成り立たなくなる．その結果，$\Delta v = \pm 1$ 以外の振動遷移による赤外吸収線も弱いながらも観測される．これを倍音とよぶ*．振動基底状態 $v=0$ から $v=2$ のエネルギー準位への遷移による赤外吸収線を第 1 倍音という．振動基底状態 $v=0$ から $v=3$ のエネルギー準位への遷移による赤外吸収線が第 2 倍音である．2 倍のエネルギーの音ではなく，第 2 番目の倍音という意味である．基本音，倍音，ホットバンドの関係を図 5・3 に示す．第 1 倍音から基本音のエネルギーを引き算すればホットバンドのエネ

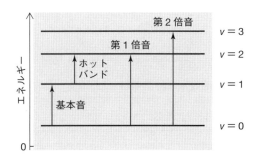

図 5・3 基本音，ホットバンド，倍音の関係

---

* 吸収される赤外線の強度に関しては，基本音は換算質量 μ^{-1} に比例し，第 1 倍音は $\mu^{-3/2}$ に比例し，第 2 倍音は μ^{-2} に比例し，急激に弱くなることが知られているが，ここでは詳しいことは省略する．

ギーになる．赤外吸収による模式的な振動スペクトルを図5・4に示す．

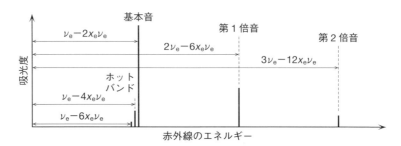

図 5・4 赤外吸収による模式的な振動スペクトル（相対強度は厳密ではない）

表5・1の赤外吸収線を利用すると，HF分子の非調和定数 x_e を決めることができる．(5・6)式で表される振動エネルギー準位の間隔の差を求めると，

$$\Delta(\Delta E) = \{\nu_e - 2x_e\nu_e(v+2)\} - \{\nu_e - 2x_e\nu_e(v+1)\}$$
$$= -2x_e\nu_e \quad (5 \cdot 7)$$

となる．つまり，振動エネルギー準位の間隔の差は振動の量子数 v に依存しない．表5・1からわかるように，HF分子の振動エネルギー準位の間隔の差は約 -180 cm^{-1} であり，一定の値である．負の値をつけた理由は値がしだいに減少しているからである．したがって，$x_e\nu_e$ は約 90 cm^{-1} であることがわかる．

非調和性の値 $x_e\nu_e$ がわかると，基本音から基本振動数 ν_e を計算することもできる．(5・6)式で示したように，基本振動数 ν_e は基本音に $2x_e\nu_e$ を足し算すればよい．HF分子の基本音は 3958 cm^{-1} だから，$2 \times 90 \text{ cm}^{-1} = 180 \text{ cm}^{-1}$ を足し算して，基本振動数 ν_e は 4138 cm^{-1} となる．また，$x_e\nu_e$ が約 90 cm^{-1} だから，$\nu_e = 4138 \text{ cm}^{-1}$ で割り算して $x_e \approx 0.022$ である．つまり，基本振動数に対する非調和性の影響は約 2.2% である．

基本振動数 ν_e と力の定数 k の間には(4・22)式で示した関係がある．

$$\nu_e(\text{波数}) = \frac{1}{2\pi c}\left(\frac{k}{\mu}\right)^{\frac{1}{2}} \quad (5 \cdot 8)$$

HF分子の1個の換算質量 μ は $1.589 \times 10^{-27} \text{ kg}$ である（章末問題1・6の解答）．したがって，H原子とF原子を結合する力の定数 k は，

$$k = \mu(2\pi c\nu_e)^2$$
$$\approx (1.589 \times 10^{-27} \text{ kg}) \times \{2 \times 3.14 \times (3.0 \times 10^8 \text{ m s}^{-1}) \times (4.138 \times 10^5 \text{ m}^{-1})\}^2$$
$$\approx 9.66 \times 10^2 \text{ kg s}^{-2} \quad (5 \cdot 9)$$

となる．ここで，基本振動数の単位を cm^{-1} から m^{-1} に変換して計算した．(5・9)式の単位の $kg\ s^{-2}$ は $kg\ m\ s^{-2}\ m^{-1} = N\ m^{-1}$ と換算できるから〔N（ニュートン）は力の単位〕，力の定数 k は単位長さあたりの力の大きさを表す．

5・4 基本振動数と非調和性

代表的な二原子分子の基本振動数 ν_e，非調和性を表す定数 $x_e\nu_e$，解離エネルギー D_e を表 5・2 に示す．基本振動数は $(1/2\pi c)(k/\mu)^{1/2}$ だから〔(5・8)式参照〕，力の定数 k が大きくなれば基本振動数 ν_e は高くなり，吸収される赤外線のエネルギーも高くなる．力の定数は"ばね定数"のことだから，分子の結合次数が大きくなれば結合に関与する電子の数も増え，その結果，ばねも強くなって基本振動数も高くなる．確かに，三重結合の N_2 分子の基本振動数は二重結合の O_2 分子の基本振動数よりも高い．同様に，単結合の F_2 分子の基本振動数は二重結合の O_2 分子よりも低い．ただし，単結合の H_2 分子の基本振動数は N_2 分子よりもかなり高くなる．これは換算質量 μ の影響である．換算質量 μ が小さくなれば逆に基本振動数は高くなる．同様の理由で，結合次数が同じ二原子分子（たとえば，ハロゲン化水素）を比較すると，原子番号が大きくなるにしたがって換算質量は大きくなり〔(1・6)式参照〕，基本振動数は低くなる．一般に，二原子分子の基本振動数を比べる場合には，力の定数 k と換算質量 μ の両方を考慮する必要がある．

表 5・2 に示した解離エネルギー D_e は，平衡核間距離 R_e にある二原子分子を 2 個の原子に解離するために必要なエネルギーである．しかし，二原子分子は，絶対零度であっても分子振動が止まることはなく，零点振動エネルギーがある

表 5・2 代表的な二原子分子の基本振動数など[†]

	ν_e/cm^{-1}	$x_e\nu_e/cm^{-1}$	D_e/eV		ν_e/cm^{-1}	$x_e\nu_e/cm^{-1}$	D_e/eV
$^1H_2$	4401	121	4.74	$^1H^{19}F$	4138	89.9	6.12
$^{14}N_2$	2359	14.3	9.91	$^1H^{35}Cl$	2991	52.8	4.61
$^{16}O_2$	1580	12.0	5.22	$^1H^{79}Br$	2649	45.2	3.92
$^{19}F_2$	917	11.2	1.66	$^1H^{127}I$	2309	39.6	3.19
$^{35}Cl_2$	560	2.68	2.51	$^{12}C^{16}O$	2170	13.3	11.2
$^{79}Br_2$	325	1.08	1.99	$^{14}N^{16}O$	1904	14.1	6.62
$^{127}I_2$	215	0.615	1.55	$^{35}Cl^{19}F$	786	6.16	2.67

[†] $1\ eV \approx 8066\ cm^{-1}$.

(§4・4参照). そうすると,観測される二原子分子の解離エネルギー D_0（添え字の0は振動の量子数vが0の状態からの解離エネルギーであることを表す*）の大きさは D_e よりも小さいはずである. D_e と D_0 の関係を図5・5に示す. なお,表5・2には等核二原子分子も異核二原子分子も載せた. 等核二原子分子には永久電気双極子モーメントがないので,赤外吸収による振動スペクトルを観測できない. しかし,等核二原子分子の基本振動数や非調和性などは,ラマン散乱による振動スペクトルの解析（7章参照）や電子振動スペクトルの解析（8章参照）などを利用して求めることができる.

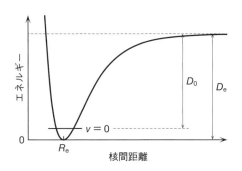

図 5・5 解離エネルギー D_e と D_0 の関係

最近,量子化学計算が急速に発展している（§18・5参照). 量子化学計算では核間距離を変えながら,ポテンシャルエネルギーの最小値を求めるので, D_0 ではなく D_e を計算したことになる. もしも,非調和定数 x_e を実験で求めることができれば, D_0 と x_e から D_e を見積もることができる. そして,実験で見積もった D_e と計算で求めた D_e を比べれば,量子化学計算の精確度を検証することができる.

5・5 振動平均の核間距離

分子がばねのように伸びたり縮んだりするということは,核間距離が常に変化しているということである. そうすると,たとえば, H_2 分子の結合距離はどのくらいですかという問いに対して,はっきりとは答えられないことになる. ただし,左右対称のポテンシャルのなかで,二原子分子がフックの法則に従う

---

* Ⅰ巻の表13・2の値は,実際に実験で求められた解離エネルギーの大きさ D_0（結合エネルギーの大きさと同じ）なので,表5・2の値よりも零点振動エネルギーだけ小さい.

5・5 振動平均の核間距離

調和振動子として近似できるならば,二原子分子の振動平均の核間距離を答えることはできる.図5・6(a)に示したように,振動の量子数vが0の振動平均の核間距離R_0も,vが1の振動平均の核間距離R_1も,すべて平衡核間距離R_eに等しい.つまり,二原子分子の結合距離(核間距離)は同じになる($R_0 = R_1 = \cdots = R_e$).

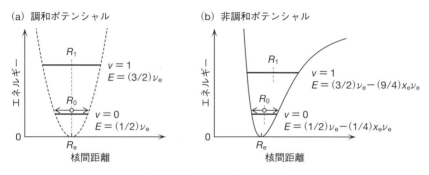

図5・6 振動平均の核間距離

振動平均の核間距離R_0は,実験で求めた$v=0$での回転定数B_0から求めることができる.その求め方は以下のとおりである.まず,プランク定数hの値(表1・1)を使って,回転定数B_0(波数)から$v=0$での慣性モーメントI_0を計算する〔(2・13)式参照〕.

$$I_0 = \frac{h}{8\pi^2 c B_0} \qquad (5・10)$$

また,分子がどのような原子核で構成されているかがわかっていれば,原子核の質量m_Aとm_Bから換算質量μを容易に計算できる〔(1・6)式参照〕.

$$\frac{1}{\mu} = \frac{1}{m_A} + \frac{1}{m_B} \qquad (5・11)$$

そこで,慣性モーメントI_0と換算質量μから,振動平均の核間距離R_0を次のように計算する〔(1・17)式参照〕.

$$R_0 = \left(\frac{I_0}{\mu}\right)^{\frac{1}{2}} = \left(\frac{h}{8\pi^2 c B_0 \mu}\right)^{\frac{1}{2}} \qquad (5・12)$$

しかし,実際の分子は非調和ポテンシャルのなかで振動運動する.そうすると,ポテンシャルの形が左右対称でないので,振動平均の核間距離R_0は平衡核間距離R_eに一致しない〔図5・6(b)〕.ポテンシャルの形は右(核間距離の長

いほう）に傾いているので，二原子分子の振動平均の核間距離は，平衡核間距離 R_e よりも長い状態になっている確率のほうが大きくなる．その結果，振動平均の核間距離は平衡核間距離よりも少しだけ長くなる．この傾向は振動の量子数 v が大きくなればなるほど大きくなり，振動平均の核間距離は長くなる．つまり，$R_e < R_0 < R_1 < \cdots$ となる．それぞれの振動エネルギー準位での回転定数（B_0, B_1, B_2, $\cdots$）を実験で求めることができれば，(5・10)式〜(5・12)式と同様にして，それぞれの振動エネルギー準位での核間距離がわかる．具体的な HF 分子の計算結果については §6・2 で示す．

章末問題

5・1 ポテンシャルとしてモース関数を仮定すると，$R = (1/2)R_e$ のときにポテンシャルエネルギーはどのような式になるか．

5・2 非調和性を考慮して，振動の量子数 $v = 2$ と $v = 1$ のエネルギー準位の間隔を表す式を求めよ．

5・3 表5・2の基本振動数 ν_e と非調和性の値 $\nu_e x_e$ を使って，H_2 分子の非調和定数 x_e と基本音を計算せよ．

5・4 D_2 分子の基本振動数 ν_e を H_2 分子の基本振動数 $4401\ \text{cm}^{-1}$ から計算せよ．力の定数は変わらないとする．

5・5 D_2 分子の非調和定数 x_e が H_2 分子と同じであるとして，D_2 分子の基本音と倍音のエネルギー（波数）を計算せよ．

5・6 倍音のエネルギー（波数）を表す式を(5・5)式から求めよ．

5・7 解離エネルギー D_0 と D_e の差を，基本振動数 ν_e と非調和定数 x_e を使って式で表せ．

5・8 表5・2の値を使って，ハロゲン化水素の非調和定数 x_e を計算せよ．

5・9 前問で，非調和定数 x_e が HCl ≈ HBr ≈ HI となる理由を考察せよ．

5・10 表5・2の基本振動数 ν_e の値を使って，$H^{35}Cl$ 分子の力の定数 k を計算せよ．ただし，1個の分子の換算質量は $1.627 \times 10^{-27}\ \text{kg}$ である．

6
振動回転スペクトル

> 振動スペクトルは回転エネルギー準位のために複雑になる．回転の量子数の選択則 $\Delta J = -1$ を満たす一連の吸収線をP枝，回転の量子数の選択則 $\Delta J = +1$ を満たす一連の吸収線をR枝という．振動回転スペクトルを解析すると，振動基底状態と振動励起状態の回転定数のほかに，振動回転相互作用定数を求めることもできる．

6・1 回転定数に対する振動運動の影響

§4・1で説明したように，原子核の分子内運動は振動運動と回転運動に分けて考えることができる．

$$\psi_{原子核} = \psi_{振動} \times \psi_{回転} \tag{6・1}$$

波動関数が積で表されるということは，エネルギー固有値 $E_{原子核}$ がそれぞれの運動の固有値の和で表されるということである*．

$$E_{原子核} = E_{振動} + E_{回転} \tag{6・2}$$

そうすると，原子核の分子内運動のエネルギー固有値は，振動運動のエネルギー固有値を表す (5・5) 式と，回転運動のエネルギー固有値を表す (2・35) 式を足し算して，次のように書ける〔単位を表す"(波数)"は省略〕．

$$E_{原子核} = \nu_e\left(v+\frac{1}{2}\right) - x_e \nu_e\left(v+\frac{1}{2}\right)^2 + BJ(J+1) - DJ^2(J+1)^2 \tag{6・3}$$

しかし，分子は実際には振動運動しながら回転運動する．すでに§5・5で説明したように，振動運動に関するポテンシャルは非調和なので，振動運動が激しくなるにつれて（振動の量子数 v が大きくなるにつれて），振動平均の核間距離は長くなる．核間距離が長くなれば，慣性モーメントが大きくなり，慣性モーメント I が大きくなれば回転定数 B が小さくなる．つまり，回転定数 B は分子に固有の定数ではなく，振動の量子数 v に依存する（遠心力歪み定数 D も振動

---

* I巻§12・1参照．

の量子数 v に依存するが,寄与が小さいので,ここでは議論しない).

振動運動のエネルギー固有値が $v+1/2$ に依存することを考慮して〔(6・3)式参照〕,振動の量子数 v の回転定数 B_v を,

$$B_v = B_e - \alpha_e\left(v+\frac{1}{2}\right) \qquad (6・4)$$

とおく.α_e は振動回転相互作用を表す定数である(分極率やスピン関数とは無関係).B_e は核間距離が平衡核間距離 R_e のときの回転定数を表し,振動運動していない(零点振動していない)仮想的な分子の回転定数である.

6・2 振動回転相互作用と平衡核間距離

表2・2に載せた回転定数は,振動基底状態での回転スペクトルの解析によって求められる B_0 の値であって,平衡核間距離での回転定数 B_e の値ではない.もしも,実験で振動回転相互作用定数 α_e を求めることができれば,(6・4)式を使って B_0 から B_e を計算できる.たとえば,振動基底状態($v=0$)と第1振動励起状態($v=1$)のそれぞれの回転定数の差は,

$$B_1 - B_0 = \left\{B_e - \alpha_e\left(1+\frac{1}{2}\right)\right\} - \left\{B_e - \alpha_e\left(\frac{1}{2}\right)\right\} = -\alpha_e \qquad (6・5)$$

である.つまり,B_1 と B_0 の差から α_e が求められ,(6・4)式を使って B_e を計算できる.

$$B_e = B_0 + \frac{1}{2}\alpha_e \qquad (6・6)$$

具体的に HF 分子の振動量子数 v の回転定数 B_v を表6・1に示す.振動の量子数 $v=1$ と $v=0$ の回転定数の差 B_1-B_0 は -0.798 cm^{-1} と計算できるので,振動回転相互作用定数 α_e は 0.798 cm^{-1} である.表2・2からわかるように,この差に比べて遠心力歪み定数(0.00215 cm^{-1})は無視できるほど小さいので,$v=2$ と $v=1$ の回転定数の差も同じ値になる($18.961-19.759 = -0.798 \text{ cm}^{-1}$).$B_0$ の値と振動回転相互作用定数 $\alpha_e = 0.798$ を(6・6)式に代入すれば,平衡核間距離での回転定数 B_e を次のように計算できる.

$$B_e = 20.557 + \frac{1}{2}\times 0.798 = 20.956 \text{ cm}^{-1} \qquad (6・7)$$

さらに,回転定数 B_e を慣性モーメント I_e に変換し,1個の HF 分子の換算質量 1.589×10^{-27} kg(章末問題1・6の解答)と表1・1の値を使えば,平衡核間距

離 R_e は,

$$R_e = \left(\frac{h}{8\pi^2 c B_e \mu}\right)^{\frac{1}{2}} \approx 91.70 \text{ pm} \tag{6・8}$$

となる〔(5・12)式参照〕*. 単位の pm は 10^{-12} m のことである. もちろん,表6・1 の B_0 の値から R_0 の値を求めることもできる. R_0 の値は約 92.59 pm であり,R_e よりも約 0.89 pm 長い. その他の振動励起状態の振動平均の核間距離 R_v も表 6・1 の右欄に示した. ポテンシャルの非調和性のために,確かに振動の量子数 v が大きくなるにつれて核間距離は長くなる (§5・5 参照).

表 6・1 HF 分子の回転定数と振動平均の核間距離

振動の量子数 v	回転定数 B_v/cm^{-1}	核間距離 R_v/pm
0	20.557	92.59
1	19.759	94.36
2	18.961	96.41

　永久電気双極子モーメントをもつ異核二原子分子でも,2 章で説明したマイクロ波や遠赤外線の吸収による純回転スペクトルの解析で,振動励起状態の回転定数 ($B_1, B_2, \cdots$) を求めることはむずかしい. なぜならば,ボルツマン分布則に従って,振動励起状態の分子は室温でほとんど存在しないからである. $v=0$ と $v=1$ の振動エネルギー準位のエネルギー間隔が小さい分子ならば,純回転スペクトルの解析によって振動励起状態の回転定数を決めることはできるかもしれない. ほとんどの異核二原子分子の振動励起状態の回転定数は,§6・3 で説明する赤外吸収による振動回転スペクトルの解析で求める. 一方,永久電気双極子モーメントのない等核二原子分子は赤外線を吸収しないので,7 章で説明するラマン散乱による振動回転スペクトルの解析を利用する.

　代表的な二原子分子の平衡核間距離での回転定数 B_e,振動回転相互作用定数 α_e,平衡核間距離 R_e を表 6・2 に示す. 分子分光学で求められる分子固有の定数を分子定数という. 一般に,二原子分子を構成する原子核の質量が大きくなると慣性モーメントは大きくなり,回転定数 B_e も振動回転相互作用定数 α_e も小さくなる.

＊ I 巻の表 13・2 および表 14・1 には,このようにして求めた二原子分子の結合距離 R_e が載せてある.

表 6・2　代表的な二原子分子の分子定数

	B_e/cm^{-1}	α_e/cm^{-1}	R_e/pm		B_e/cm^{-1}	α_e/cm^{-1}	R_e/pm
$^1\text{H}_2$	60.853	3.0622	74.1	$^1\text{H}^{19}\text{F}$	20.956	0.7980	91.7
$^{14}\text{N}_2$	1.9982	0.0173	109.8	$^1\text{H}^{35}\text{Cl}$	10.593	0.3072	127.5
$^{16}\text{O}_2$	1.4456	0.0159	120.8	$^1\text{H}^{79}\text{Br}$	8.4649	0.2333	141.4
$^{19}\text{F}_2$	0.8902	0.0138	141.2	$^1\text{H}^{127}\text{I}$	6.5122	0.1689	160.9
$^{35}\text{Cl}_2$	0.2440	0.0015	198.8	$^{12}\text{C}^{16}\text{O}$	1.9313	0.0175	112.8
$^{79}\text{Br}_2$	0.0821	0.0004	228.1	$^{14}\text{N}^{16}\text{O}$	1.6720	0.0171	115.1
$^{127}\text{I}_2$	0.0374	0.0001	266.6	$^{35}\text{Cl}^{19}\text{F}$	0.5165	0.0044	162.8

6・3　赤外吸収による振動回転遷移の選択則

分子は振動運動と同時に回転運動するから，振動基底状態でも振動励起状態でも，回転エネルギー準位を考慮しなければならない．回転運動のエネルギーに比べて振動運動のエネルギーが2桁も大きいことを考慮して，(6・3)式のエネルギー固有値を描くと図6・1のようになる．ただし，回転エネルギー準位の縮重度（§2・2参照）については省略した．なお，図6・1では異なる振動状態での回転の量子数を区別するために，振動基底状態（$v=0$）の回転の量子数をJ''，振動励起状態（$v=1$）の回転の量子数をJ'とした．たとえば，$J''=0 \to J''=1$などは2章で説明した振動基底状態での純回転スペクトルになり，$J'=0 \to J'=1$などは§6・2で説明した振動励起状態での純回転スペクトルになる．振動励起状態の回転エネルギー準位の間隔を振動基底状態に比べて少し狭

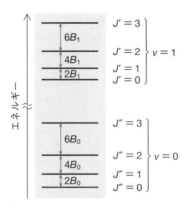

図 6・1　振動回転エネルギー準位

6・3 赤外吸収による振動回転遷移の選択則

く描いた理由は，振動励起状態の核間距離のほうが長く，慣性モーメントが大きく，回転定数が小さい（$B_1 < B_0$）からである．

永久電気双極子モーメントをもつ異核二原子分子に赤外線を照射すると，分子はさまざまな赤外線を吸収し，振動励起状態の回転状態になることが可能である．しかし，選択則があって，振動基底状態のどの回転エネルギー準位から，振動励起状態のどの回転エネルギー準位に遷移できるかは決まっている．(6・1)式で示したように，原子核の分子内運動の波動関数 $\psi_{原子核}$ は $\psi_{振動} \times \psi_{回転}$ で近似できるから，赤外吸収による振動回転運動の遷移双極子モーメントは，

遷移双極子モーメント

$$= \int \psi^*_{原子核(後)} \mu \psi_{原子核(前)} d\tau$$

$$= \int \psi^*_{振動(後)} q(R_e + z) \psi_{振動(前)} dz \int \psi^*_{回転(後)} \mu \xi \psi_{回転(前)} d\xi d\phi \quad (6・9)$$

となる〔(4・24)式と(2・24)式参照〕．つまり，振動運動に関して許容遷移であり，かつ，回転運動に関しても許容遷移の場合に，振動回転遷移は許容遷移となる．すでに，§2・3で説明したように，回転運動に関しては，回転の量子数 J が1だけ変化する遷移（$\Delta J = \pm 1$）が許容遷移となる[*1]．一方，振動運動に関しては，§4・5で説明したように，量子数 v が変わらないか，1だけ変わる遷移（$\Delta v = 0, \pm 1$）のみが許容遷移となる（$\Delta v = 0$ は純回転遷移）．

$v = 0$ の振動基底状態から $v = 1$ への振動励起状態への許容遷移（$v = 0 \to 1$）によって，赤外吸収による振動回転スペクトルが観測される．回転運動に関する許容遷移（$\Delta J = -1$），つまり，$J' = J'' - 1$ の条件を満たす吸収線のグループをP枝，そして，$\Delta J = +1$ の遷移，つまり，$J' = J'' + 1$ の条件を満たす吸収線のグループをR枝という（図6・2）．後で説明するように，回転の量子数の異なる一連の吸収線からなるスペクトルの様子が木の枝のようにみえるので，P枝とかR枝とかよぶ．英語ではP-branchとかR-branchという．異核二原子分子で遷移が許されるのはP枝とR枝だけであるが，多原子分子になると，回転の量子数が変わらない $\Delta J = 0$ の遷移，つまり，$J' = J''$ の遷移も許される[*2]．この一連の吸収線をQ枝（Q-branch）という．

[*1] 量子数 M については $\Delta M = 0$ が許容遷移になるが，M の値は回転運動のエネルギー固有値に影響を及ぼさないので，ここでは議論しない．

[*2] たとえば，直線多原子分子の振動運動によって誘起される電気双極子モーメントの変化が分子軸に平行な平行遷移（伸縮振動）と垂直な垂直遷移（変角振動）がある．平行遷移ではP枝とR枝のみが現れるが，垂直遷移ではP枝もQ枝もR枝も現れる（12章参照）．

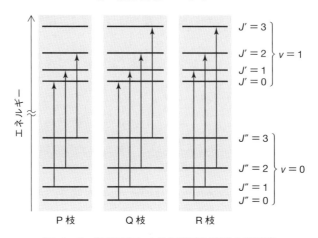

図 6・2　赤外吸収による振動回転遷移の選択則

6・4　P 枝および R 枝の吸収線

P 枝の吸収線のエネルギーは(6・3)式を使って計算できる．ただし，遠心力歪み定数 D は小さいので無視できると近似すると，P 枝では $J'=J''-1$ の選択則が成り立つから，

$$\begin{aligned}\Delta E &= \left\{\nu_{\mathrm{e}}\left(1+\frac{1}{2}\right)-x_{\mathrm{e}}\nu_{\mathrm{e}}\left(1+\frac{1}{2}\right)^2+B_1(J''-1)(J''-1+1)\right\} \\ &\quad -\left\{\nu_{\mathrm{e}}\left(0+\frac{1}{2}\right)-x_{\mathrm{e}}\nu_{\mathrm{e}}\left(0+\frac{1}{2}\right)^2+B_0 J''(J''+1)\right\} \\ &= (\nu_{\mathrm{e}}-2x_{\mathrm{e}}\nu_{\mathrm{e}})-(B_1+B_0)J''+(B_1-B_0)J''^2 \end{aligned} \quad (6\cdot10)$$

となる．ただし，振動励起状態の回転の量子数 J'（$=J''-1$）が 0 以上の整数でなければならないという制限があるから，J'' は 1 以上の整数である．(6・10)式の第 1 項 $(\nu_{\mathrm{e}}-2x_{\mathrm{e}}\nu_{\mathrm{e}})$ が基本音のエネルギーを表す．(6・10)式の J'' に 1 を代入すると，基本音に最も近い P 枝の吸収線が $2B_0$ だけ低波数側に現れることがわかる（章末問題 6・2）．また，P 枝の吸収線のエネルギー間隔は，(6・10)式で J'' と $J''+1$ を代入して差をとると，

$$\Delta(\Delta E) = 2B_0-2(B_1-B_0)J'' \quad (6\cdot11)$$

となる（$J''=1,2,\cdots$）．$B_1\approx B_0$ だから，P 枝の吸収線のエネルギー間隔は約 $2B_0$

である．模式的な振動回転スペクトルを図 6・3 に示す*．ただし，厳密には $B_1 < B_0$ だから（表 6・1 参照），(6・11)式の第 2 項は 0 ではなく正の値である．したがって，厳密には P 枝の吸収線のエネルギー間隔は J'' が大きくなるにつれて広がる．

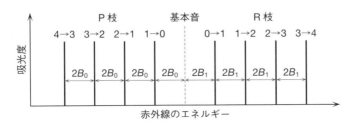

図 6・3　赤外吸収による模式的な振動回転スペクトル（異核二原子分子，ボルツマン分布則と縮重度を考慮せず）

R 枝の吸収線のエネルギーも P 枝と同様にして計算できる．R 枝では $J' = J'' + 1$ の選択則が成り立つから，R 枝の吸収線のエネルギーは，遠心力歪み定数 D を無視して，

$$\begin{aligned}
\Delta E &= \left\{\nu_\mathrm{e}\left(1 + \frac{1}{2}\right) - x_\mathrm{e}\nu_\mathrm{e}\left(1 + \frac{1}{2}\right)^2 + B_1(J''+1)(J''+1+1)\right\} \\
&\quad - \left\{\nu_\mathrm{e}\left(0 + \frac{1}{2}\right) - x_\mathrm{e}\nu_\mathrm{e}\left(0 + \frac{1}{2}\right)^2 + B_0 J''(J''+1)\right\} \\
&= (\nu_\mathrm{e} - 2x_\mathrm{e}\nu_\mathrm{e}) + 2B_1 + (3B_1 - B_0)J'' + (B_1 - B_0)J''^2 \quad (6 \cdot 12)
\end{aligned}$$

となる．ただし，振動基底状態の回転の量子数 J'' は 0 以上の整数である〔J' ($=J''+1$) も 0 以上の整数になる〕．

(6・12)式からわかるように，R 枝（$J''=0$）の吸収線は基本音のエネルギー ($\nu_\mathrm{e} - 2x_\mathrm{e}\nu_\mathrm{e}$) から $2B_1$ だけ高波数側に現れる（図 6・3）．P 枝（$J''=1$）の吸収線は基本音から $2B_0$ だけ低波数側に現れるので，P 枝と R 枝の間には ($2B_0 + 2B_1$) の隙間ができる．これをバンドギャップという．$B_1 \approx B_0$ と考えれば，バンドギャップのほぼ中心が基本音のエネルギーである．また，R 枝の吸収線の

---

* 赤外吸収スペクトルの測定法については，中田宗隆著，"なっとくする機器分析"，講談社サイエンティフィク (2007) 参照．赤外吸収スペクトルは高波数側を左向きにとることもあるが，国際的には大きい数値を右向きに描くので，この教科書ではそれに従う．

エネルギー間隔は，(6・12)式で $J''+1$ と J'' を代入して差をとると，

$$\Delta(\Delta E) = 2B_1 + 2(B_1-B_0)(J''+1) \qquad (6・13)$$

となる（$J''=0, 1, \cdots$）．$B_1 \approx B_0$ だから，R枝の吸収線のエネルギー間隔は約 $2B_1$ である（図6・3）．ただし，厳密には $B_1 < B_0$ だから（表6・1参照），(6・13)式の第2項は負の値である．したがって，厳密にはR枝の吸収線のエネルギー間隔は J'' が大きくなるにつれて狭くなる．

6・5 赤外吸収によるHF分子の振動回転スペクトル

赤外吸収によるHF分子の振動回数スペクトルを図6・4に示す．吸収線の上に書かれた数字は，赤外線を吸収する前の振動基底状態の回転の量子数 J'' を表す．たとえば，P枝の1は $(v=0, J''=1) \rightarrow (v=1, J'=0)$ である．§5・3ではHF分子が吸収する赤外線が 3958 cm^{-1} であり，これが基本音であると説明した．しかし，実際に測定した赤外吸収スペクトルでは 3958 cm^{-1} に吸収線はない．3958 cm^{-1} には吸収線はないが，そのまわりに規則正しく並んだ枝のような吸収線がある．3958 cm^{-1} よりも低波数側で，しだいに強くなってから，しだいに弱くなる一連の吸収線がP枝である．吸収線の強度がしだいに大きくなってから，その後に小さくなる理由は，純回転スペクトルの吸収線の強度で説明した（§2・4参照）．振動基底状態の回転エネルギー準位の分子数が振動回転スペクトルの吸収線の相対強度を反映する．つまり，回転エネルギー準位の縮重度 $2J+1$ とボルツマン分布則で相対強度を説明できる．極大値を示す回転の量子数 $J_{\max}$ は(2・34)式で表され，室温でHF分子の $J_{\max}$ は2である．確かに，P枝では $J''=2$ の吸収線が最も強い．

3958 cm^{-1} よりも高波数側にも，しだいに強くなってから，しだいに弱くな

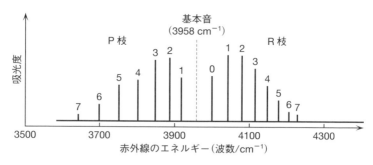

図6・4 赤外吸収によるHF分子の振動回転スペクトル

6・5 赤外吸収によるHF分子の振動回転スペクトル

る一連の吸収線がある．これらがR枝である．吸収線の強度の極大値はP枝と同様に$J_{max}=2$である．ただし，P枝とR枝の吸収線の強度は完全には一致しない．その理由は遷移確率を表す遷移双極子モーメントの大きさが異なるからである．遷移双極子モーメントの計算では，遷移する前の波動関数$\psi_{振動(前)}$だけでなく，遷移した後の波動関数$\psi_{振動(後)}$も関係する〔(2・16)式参照〕．P枝とR枝では振動基底状態の回転の量子数J''が同じでも，遷移した後の振動励起状態の回転の量子数J'が異なるので，遷移双極子モーメントの大きさ，つまり，吸収線の強度に差が現れる．

　観測したHF分子の振動回転スペクトルの赤外吸収線のエネルギー（波数）を表6・3にまとめる．それぞれの吸収線のエネルギーを最もうまく再現できるように，P枝の吸収線のエネルギーを表す理論式(6・10)式と，R枝の吸収線のエネルギーを表す理論式(6・12)に共通する分子定数（$\nu_e-2x_e\nu_e$, B_0, B_1）を最小二乗法で決定する．最小二乗法というのは，分子定数を少しずつ変化させながら理論式の値を計算し，計算値と実測値の差の2乗の総和が最も小さくなるように決定する方法である．HF分子について，最小二乗法で得られた結果は最終的に$\nu_e-2x_e\nu_e=3958\ \mathrm{cm}^{-1}$, $B_0=20.557\ \mathrm{cm}^{-1}$, $B_1=19.759\ \mathrm{cm}^{-1}$となる．表6・1の回転定数$B_0$と$B_1$の値はこのような振動回転スペクトルの解析から求められた値である．得られた振動基底状態の回転定数B_0の値は，純回転スペクトルの解析から得られた表2・2の値と一致する．もしも，回転定数B_2の値を実験で求めたければ，第1倍音の振動回転スペクトルを解析すればよい．回転定数B_0とB_2の値が求められる．

表6・3　HF分子の振動回転スペクトルの赤外吸収線

P枝		R枝	
$J''\to J'$	波数/cm^{-1}	$J''\to J'$	波数/cm^{-1}
1→0	3919	0→1	4000
2→1	3877 }42	1→2	4037 }37
3→2	3833 }44	2→3	4074 }37
4→3	3787 }46	3→4	4108 }34
5→4	3740 }47	4→5	4141 }33
6→5	3692 }48	5→6	4172 }31
7→6	3644 }48	6→7	4201 }29
		7→8	4230 }29

章末問題

6・1 (6・6)式は α_e と B_0 から B_e を求める式である。B_1 の値から B_e を計算する式を求めよ。

6・2 (6・10)式を使って、P枝 ($J''=1$) は基本音から $-2B_0$ だけ低波数側に現れることを証明せよ。

6・3 もしも、Q枝が現れるとすると、すべての吸収線が基本音と一致することを式で示せ。ただし、遠心力歪み定数は無視し、$B_1 = B_0 = B$ とする。

6・4 表6・1の値を使って、HF分子のP枝 ($J''=1$) とR枝 ($J''=0$) の吸収線のエネルギー（波数）を求め、表6・3の値と比較せよ。

6・5 図6・4をみると、HF分子のP枝もR枝も J'' が7よりも大きくなると観測がむずかしくなる。その理由を説明せよ。観測できるようにするためには、試料をどのようにしたらよいか。

HCl分子の振動回転スペクトルは下図のようになる。P枝 ($J''=1$) が 2865.0 cm^{-1}、P枝 ($J''=2$) が 2843.5 cm^{-1}、R枝 ($J''=0$) が 2906.0 cm^{-1}、R枝 ($J''=1$) が 2925.7 cm^{-1} である。以下の問いに答えよ。

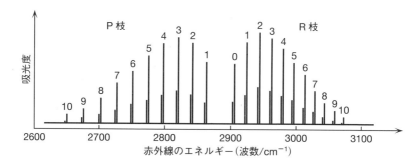

6・6 それぞれの吸収線が2本に分裂している理由を答えよ。

6・7 強い吸収線と弱い吸収線の強度比はどのようになるか。

6・8 $B_0 = B_1$ と仮定して、P枝 ($J''=1$) とR枝 ($J''=0$) のエネルギーから、基本音の波数を求めよ。

6・9 4本の吸収線のエネルギーから、回転定数 B_0 と B_1 の値を求めよ。

6・10 P枝もR枝も、弱い吸収線が強い吸収線の低波数側に現れている。もしも、分裂の原因が基本音の波数の違いではなく、回転定数の違いであるとすると、振動回転スペクトルはどのようになるか、模式的に描け。

7
ラマン散乱による振動回転スペクトル

> 分子と電磁波がエネルギーをやりとりするとラマン散乱が起きる．回転運動のエネルギーをやりとりする回転遷移のほかに，振動運動のエネルギーをやりとりする振動遷移もある．また，赤外吸収スペクトルと同様に，ラマン散乱による振動回転スペクトルの解析から，振動基底状態と振動励起状態の回転定数を決定できる．

7・1 ラマン散乱による振動遷移の選択則

3章では電磁波が分子によって散乱されることを説明した．照射された電磁波と同じエネルギーをもつ電磁波が散乱されればレイリー散乱となり，周期的な分子運動のエネルギーをやりとりすればラマン散乱となる．分子とのエネルギーのやりとりによって，散乱される電磁波のエネルギーが高くなればアンチストークス線であり，エネルギーが低くなればストークス線である．

分子の振動運動も周期的な運動なので，回転遷移を伴うラマン散乱（回転ラマン散乱）と同様に，振動遷移を伴うラマン散乱（振動ラマン散乱）が観測される．永久電気双極子モーメントをもつ異核二原子分子であっても，永久電気双極子モーメントをもたない等核二原子分子であっても，振動ラマン散乱は観測される．ただし，回転ラマン散乱とは選択則に大きな違いがある．§3・3で説明したように，回転運動の場合には，電磁波の電場の方向に対する分子分極の方向が変化するために，回転に関する座標変換を行う必要があった．分子分極は電磁波の電場によって誘起されるので，電磁波の電場の座標変換を含めて，2回の回転に関する座標変換を行う必要があり，選択則を $\Delta J = 0, \pm 2$ と考えた（$\Delta J = 0$ はレイリー散乱となる）．一方，振動運動の場合には，電磁波の電場の方向も分子分極の変化の方向も空間固定座標系で定義できるから，分子固定座標系から空間固定座標系への回転に関する座標変換を行う必要はない．

7. ラマン散乱による振動回転スペクトル

等核二原子分子に電磁波が照射された瞬時の分子内の電荷の偏りを図7・1に示す．破線の矢印（----→）は電磁波の電場の方向を示す．電場が逆向きになれば，分子分極（⇒）も逆向きになる．また，核間距離が伸びた状態(a)と縮んだ状態(b)では誘起される分子分極の大きさが変化する．電気双極子モーメントと同様に（§2・3参照），分子分極の大きさは核間距離に依存する．

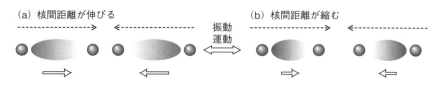

図7・1　振動運動に伴う分子分極の変化（等核二原子分子）

分子振動の振動数を ν' とすれば，誘起される分子分極 $\mu_{分極}$ $(=\alpha E)$ の分極率の大きさ α（31ページ脚注参照）は次のように変化する〔(3・3)式〕．

$$\alpha = \alpha_0 + \alpha_1 \cos(2\pi\nu' t) \tag{7・1}$$

40ページの脚注で説明したように，$\cos(2\pi\nu' t)$ は核間距離の変位 z のことだから，

$$\alpha = \alpha_0 + \alpha_1 z \tag{7・2}$$

となる．したがって，ラマン散乱による振動運動の遷移双極子モーメントは，

$$\begin{aligned}
&遷移双極子モーメント \\
&= \int_{-\infty}^{+\infty} \psi_{v'}(z)\,(\alpha_0 + \alpha_1 z)\,E_0\,\psi_{v''}(z)\,\mathrm{d}z \\
&= \alpha_0 E_0 \int_{-\infty}^{+\infty} \psi_{v'}(z)\,\psi_{v''}(z)\,\mathrm{d}z + \alpha_1 E_0 \int_{-\infty}^{+\infty} \psi_{v'}(z)\,z\,\psi_{v''}(z)\,\mathrm{d}z \tag{7・3}
\end{aligned}$$

となる．エルミート多項式の直交性から，第1項は $v' = v''$ の場合にのみ0でないので許容遷移である．ただし，これは同じ振動状態のなかの遷移だから，振動ラマン散乱ではなく，3章で説明した回転ラマン散乱になる．第2項は z を挟んだ積分なので，永久電気双極子モーメントをもつ分子が振動運動によって電磁波を吸収する場合と同じである（§4・5参照）．つまり，ラマン散乱による振動遷移の選択則も $\Delta v = \pm 1$ となる．

振動ラマン散乱でも，ストークス線とアンチストークス線が可能である．ストークス線は振動の量子数 v が0から1に変化し，分子の振動エネルギーが高くなり，散乱される電磁波のエネルギーが低くなるラマン散乱である〔図7・

2(a)〕．一方，アンチストークス線は振動の量子数 v が 1 から 0 に変化し，分子の振動エネルギーが低くなり，散乱される電磁波のエネルギーが高くなるラマン散乱である〔図 7・2(b)〕．それぞれのラマンシフト（照射光とラマン散乱光のエネルギー差）は，赤外吸収スペクトルの基本音（$v=0 \rightarrow 1$）のエネルギーに相当する．ただし，回転ラマン散乱と異なり，振動ラマン散乱では，アンチストークス線は散乱強度が弱くてほとんど観測されない．その理由は，振動エネルギー準位の間隔が回転エネルギー準位の間隔に比べて約 2 桁も広いからである．つまり，ボルツマン分布則によれば，$v=0$ の振動基底状態に比べて $v=1$ の振動励起状態にはほとんど分子が存在しないので，$v=1 \rightarrow 0$ のアンチストークス線は弱くて観測がむずかしい．赤外吸収スペクトルでホットバンドの観測がむずかしい理由と同じである（§5・3 参照）．

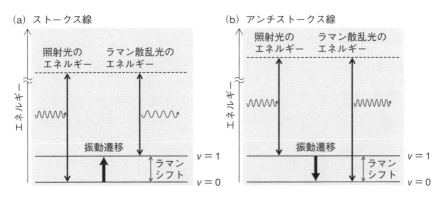

図 7・2　振動遷移を伴う 2 種類のラマン散乱

7・2　ラマン散乱による振動回転遷移の選択則

異核二原子分子には永久電気双極子モーメントがあるので，赤外吸収スペクトルを測定できる．6 章で説明したように，分子は回転運動しながら振動運動するので，赤外吸収スペクトルは単純な振動スペクトルではなく，複雑な，しかし，規則的な振動回転スペクトルになる（P 枝と R 枝）．永久電気双極子モーメントのない等核二原子分子でも，電磁波の電場で誘起される分子分極が振動運動によって変化するから，ラマン散乱による振動回転スペクトルが観測される．すでに§3・3 で説明したように，ラマン散乱による回転遷移の選択則は $\Delta J = 0, \pm 2$ である．ただし，$\Delta J = 0$ の遷移は分子内運動のエネルギーが変わ

らないので,ラマン散乱ではなくレイリー散乱になる.一方,ラマン散乱による振動回転遷移の選択則は $\Delta v = \pm 1$ なので,$\Delta J = 0$ の遷移がレイリー散乱とは別の領域(赤外吸収スペクトルの基本音と同じエネルギーのラマンシフトの近く)に観測される.そして,そのまわりに $\Delta J = \pm 2$ の選択則を満たすラマン散乱光が観測される.

赤外吸収による振動回転スペクトルでは,$J' = J'' - 1$ の遷移をP枝とよび,$J' = J'' + 1$ の遷移をR枝とよぶ.ラマン散乱による振動回転スペクトルでは,$J' = J'' - 2$ の遷移をO枝とよび,$J' = J''$ の遷移をQ枝とよび,$J' = J'' + 2$ の遷移をS枝とよぶ.図 7・3 の振動回転遷移では,$v = 0$ と $v = 1$ の振動遷移について,O枝,Q枝,S枝の J'' が最も小さいストークス線の様子を示した.図 7・3 はストークス線なので,ラマン散乱光のエネルギーは照射光のエネルギーよりも低くなる.逆に,アンチストークス線では,ラマン散乱光のエネルギーは照射光のエネルギーよりも高くなる(章末問題 7・4 の解答参照).

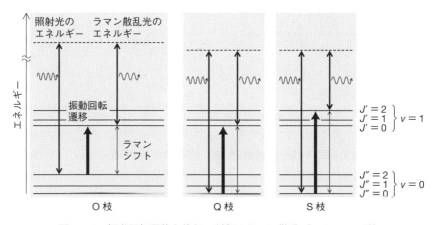

図 7・3 振動回転遷移を伴う 3 種類のラマン散乱(ストークス線)

ラマン散乱による振動回転スペクトル(ストークス線)を模式的に描けば図 7・4 のようになる.横軸にはラマンシフトをとった.ラマンシフトは右にいくほど大きくなるが,ストークス線なので散乱光のエネルギーは低くなる.どうして,ラマン散乱による純回転スペクトルのように,散乱光のエネルギーをそのまま横軸にとらなかったかというと,ラマンシフトは分子内運動(回転運動,振動運動)のエネルギー固有値に対応しているからである.このほうが赤外吸

収による振動回転スペクトルとの比較が容易になる*.

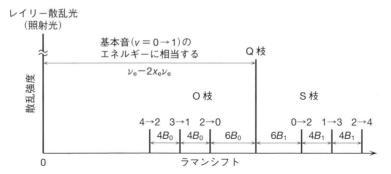

図 7・4　ラマン散乱による模式的な振動回転スペクトル（ストークス線）

Q 枝のラマンシフトは(6・3)式を使って計算できる．ただし，遠心力歪み定数 D は小さいので無視すると，Q 枝では $J'=J''$ の選択則が成り立つから，

$$\begin{aligned}\Delta E &= \left\{\nu_e\left(1+\frac{1}{2}\right) - x_e\nu_e\left(1+\frac{1}{2}\right)^2 + B_1 J''(J''+1)\right\} \\ &\quad - \left\{\nu_e\left(0+\frac{1}{2}\right) - x_e\nu_e\left(0+\frac{1}{2}\right)^2 + B_0 J''(J''+1)\right\} \\ &= (\nu_e - 2x_e\nu_e) + (B_1 - B_0)J''(J''+1) \quad (7\cdot 4)\end{aligned}$$

となる．なお，$B_1 \approx B_0$ と考えられるから，J'' に対する依存性は小さく，すべての Q 枝は基本音のエネルギー（$\nu_e - 2x_e\nu_e$）のそばに現れる．

次に，O 枝のラマンシフトを計算する．O 枝では $J'=J''-2$ の選択則が成り立つから，(6・3)式を使って，

$$\begin{aligned}\Delta E &= \left\{\nu_e\left(1+\frac{1}{2}\right) - x_e\nu_e\left(1+\frac{1}{2}\right)^2 + B_1(J''-2)(J''-2+1)\right\} \\ &\quad - \left\{\nu_e\left(0+\frac{1}{2}\right) - x_e\nu_e\left(0+\frac{1}{2}\right)^2 + B_0 J''(J''+1)\right\} \\ &= (\nu_e - 2x_e\nu_e) + 2B_1 - (3B_1 + B_0)J'' + (B_1 - B_0){J''}^2 \quad (7\cdot 5)\end{aligned}$$

となる．ただし，振動励起状態の回転の量子数 J'（$=J''-2$）が 0 以上の整数でなければならないから，J'' は 2 以上の整数でなければならない．最も Q 枝のエ

---

*　純回転スペクトルと同様に，ストークス線のラマンシフトを左向きに書き，それにあわせて赤外吸収スペクトルを左向きに書く教科書もある．

ネルギーに近い O 枝のラマンシフトは $J''=2$ からの遷移であり，(7・5)式で $J''=2$ を代入すると次のようになる．

$$\Delta E = (\nu_e - 2x_e\nu_e) + 2B_1 - (3B_1 + B_0) \times 2 + (B_1 - B_0) \times 4$$
$$= (\nu_e - 2x_e\nu_e) - 6B_0 \qquad (7\cdot6)$$

Q 枝から $6B_0$ だけラマンシフトが小さくなり，レイリー散乱光に近づく．また，O 枝のエネルギー間隔は，(7・5)式で J'' と $J''+1$ を代入して差をとると，

$$\Delta(\Delta E) = 4B_0 + 2(B_0 - B_1)(J'' - 1) \qquad (7\cdot7)$$

となる（$J''=2, 3, \cdots$）．$B_0 \approx B_1$ だから，O 枝のエネルギー間隔は約 $4B_0$ である．ただし，厳密には $B_0 > B_1$ だから（表6・1参照），(7・7)式の第2項は正の値である．したがって，厳密には，O 枝のエネルギー間隔は J'' が大きくなるにつれて（ラマンシフトが小さくなるにつれて）広くなる．

S 枝のラマンシフトも O 枝と同様にして計算できる．S 枝では $J' = J''+2$ の選択則が成り立つから，

$$\Delta E = \left\{\nu_e\left(1+\frac{1}{2}\right) - x_e\nu_e\left(1+\frac{1}{2}\right)^2 + B_1(J''+2)(J''+2+1)\right\}$$
$$\quad - \left\{\nu_e\left(0+\frac{1}{2}\right) - x_e\nu_e\left(0+\frac{1}{2}\right)^2 + B_0 J''(J''+1)\right\}$$
$$= (\nu_e - 2x_e\nu_e) + 6B_1 + (5B_1 - B_0)J'' + (B_1 - B_0)J''^2 \qquad (7\cdot8)$$

となる．ただし，振動基底状態の回転の量子数 J'' は 0 以上の整数である．最も Q 枝に近い S 枝のラマンシフトは $J''=0$ を代入すると，

$$\Delta E = (\nu_e - 2x_e\nu_e) + 6B_1 \qquad (7\cdot9)$$

となり，Q 枝から $6B_1$ だけ大きくなる．また，S 枝のエネルギー間隔は，(7・8)式で $J''+1$ と J'' を代入して差をとると，

$$\Delta(\Delta E) = 4B_1 + 2(B_1 - B_0)(J''+1) \qquad (7\cdot10)$$

となる（$J''=0, 1, \cdots$）．$B_1 \approx B_0$ だから，S 枝のエネルギー間隔は約 $4B_1$ である．ただし，厳密には $B_1 < B_0$ だから，(7・10)式の第2項は負の値である．したがって，厳密には，S 枝のエネルギー間隔は J'' が大きくなるにつれて（ラマンシフトが大きくなるにつれて）狭くなる．

7・3　ラマン散乱による HF 分子の振動回転スペクトル

例として，ラマン散乱による HF 分子の振動回転スペクトルを図7・5に示す．横軸にはラマンシフトが右向きにとってある．すでに述べたように，振動

7・4 ラマン散乱による N_2 分子の振動回転スペクトル

ラマン散乱のアンチストークス線は弱くて観測できないので、ストークス線 ($v=0 \to 1$) のみを示す。レイリー散乱光のそば (ラマンシフト $= 0 \sim 700\ \mathrm{cm}^{-1}$) に規則的なラマン散乱光が観測される。これらは3章で説明したラマン散乱による純回転スペクトルである。レイリー散乱光から離れる(ラマンシフトが大きくなる)にしたがって、振動基底状態 ($v=0$) の回転の量子数が $J''=0 \to 2$, $J''=1 \to 3$, $J''=2 \to 4$ の順番に変化する。一方、$3500 \sim 4500\ \mathrm{cm}^{-1}$ 付近に現れている一連の散乱光が振動回転スペクトルである。中心にとても強いラマン散乱光が現れているが、これがQ枝である。

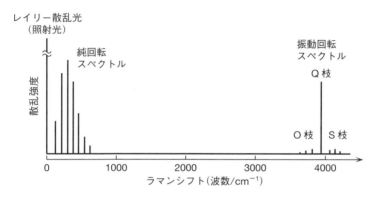

図 7・5 ラマン散乱による **HF** 分子の純回転スペクトルと振動回転スペクトル (ストークス線)

Q枝の左側(レイリー散乱光に近い側)に現れている一連の弱いラマン散乱光がO枝である。Q枝の右側(レイリー散乱光から遠い側)の一連の弱いラマン散乱光がS枝である。O枝とS枝のそれぞれのエネルギー間隔はそれぞれ約 $4B_0$ と $4B_1$ である。$B_1 = B_0$ と近似すれば、O枝もS枝もエネルギー間隔は同じになり、Q枝を中心に対称的になる。

7・4 ラマン散乱による N_2 分子の振動回転スペクトル

ラマン散乱による $^{14}N_2$ 分子の振動回転スペクトル ($v=0 \to 1$) の一部 ($2280 \sim 2380\ \mathrm{cm}^{-1}$) を拡大して図7・6に示す。$2330\ \mathrm{cm}^{-1}$ 付近にQ枝が重なって現れる。(7・4)式で厳密には $B_1 = B_0$ ではないので、J'' が大きくなるにつれて、少しずつラマンシフトが小さくなる ($B_1 < B_0$ だから、$B_1 - B_0 < 0$)。つまり、

一連のQ枝のなかで最も高波数側のラマンシフトの値が基本音のエネルギー（$\nu_e - 2x_e\nu_e$）に対応する．Q枝の左側（ラマンシフトが小さい側）に現れているラマン散乱光がO枝である．また，Q枝の右側（ラマンシフトが大きい側）に現れる一連のラマン散乱光がS枝である．

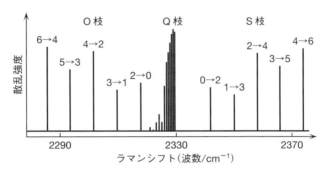

図7・6 ラマン散乱による $^{14}N_2$ 分子の振動回転スペクトル（ストークス線）

$^{14}N_2$ 分子は等核二原子分子なので，純回転スペクトルと同様に核スピン重率を考えなければならない．ただし，振動の量子数 $v = 0$ の振動基底状態の波動関数は対称関数なので（§4・4参照），回転運動の波動関数の対称性と原子核のスピン関数の対称性を考えればよい．つまり，純回転スペクトルでの核スピン重率が，そのまま振動回転スペクトルの核スピン重率として現れる．すなわち，^{14}N 原子はボース粒子なので，J'' が偶数の回転エネルギー準位はスピン関数が対称のオルト窒素，J'' が奇数の回転エネルギー準位はスピン関数が反対称のパラ窒素となる．すでに純回転スペクトルで説明したように，オルト窒素とパラ窒素の核スピン重率は2である（§3・5参照）．そうすると，たとえば，S枝（$J'' = 0$）とS枝（$J'' = 1$）の強度比は，核スピン重率だけを考えれば2：1になる（図3・6参照）．ただし，相対強度が厳密に2：1になっていない理由は，回転エネルギー準位の縮重度とボルツマン分布則のためである．なお，$^{14}N_2$ 分子の J_{max} は，回転運動のエネルギー固有値が HF とは異なるので，HF の $J_{max} = 2$ とは異なる（章末問題7・10参照）．

7・5 同位体種の振動平均の核間距離

ラマン散乱による振動回転スペクトルを丁寧に解析すると，N_2 分子の振動基底状態の回転定数 B_0 および振動励起状態の回転定数 B_1 を求めることができ

7・5 同位体種の振動平均の核間距離

る．表7・1では3種類の N_2 分子の同位体種（$^{14}N_2$, $^{14}N^{15}N$, $^{15}N_2$）に関する分子定数の値を比較した．どうして同位体種によって回転定数が異なるかというと，分子を構成する原子の質量が異なると換算質量〔$\mu = m_A m_B/(m_A + m_B)$〕が異なり，換算質量が異なると慣性モーメント（$I = \mu R^2$）が異なり，結果的に回転定数（$B = \hbar^2/2I$）が異なるからである．

表 7・1　N_2 分子の回転定数と振動回転相互作用

	B_0/cm^{-1}	B_1/cm^{-1}	α_e/cm^{-1}	B_e/cm^{-1}
$^{14}N_2$	1.9896	1.9724	0.0172	1.9982
$^{14}N^{15}N$	1.9236	1.9071	0.0164	1.9318
$^{15}N_2$	1.8576	1.8420	0.0156	1.8654

　実をいうと，同位体種によって異なるのは換算質量だけではない．振動平均の核間距離も異なる．どういうことかというと，同位体種によって換算質量が異なると，(4・22)式で示したように基本振動数が異なるからである〔$\nu_e = (1/2\pi c)(k/\mu)^{1/2}$〕．基本振動数は換算質量の平方根の逆数に比例するから，質量の大きな同位体種ほど基本振動数は低くなる．すでに5章で説明したように，振動運動のポテンシャルが非調和なので，同位体種によって基本振動数が低くなれば，非調和性の影響が小さくなり，振動平均の核間距離はしだいに平衡核間距離 R_e に近づく（図7・7）．実際に，それぞれの同位体種の振動平均の核間距離 R_0 を回転定数 B_0 と換算質量 μ から計算すると，$^{14}N_2$ 分子が 110.007 pm，$^{14}N^{15}N$ 分子が 110.003 pm，$^{15}N_2$ 分子が 109.999 pm となる．ほんのわずかであるが，確かに，質量が大きくなる同位体種ほど，振動平均の核間距離がしだいに短くなる．

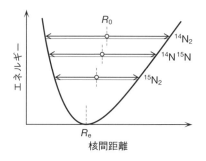

図 7・7　同位体種の振動平均の核間距離

表 7・1 の平衡核間距離 R_e における回転定数 B_e は同位体種によって異なるようにみえる.しかし,(6・8)式を使って平衡核間距離 R_e を求めると,すべての同位体種について 109.768 pm となる.すでに述べたように,振動運動のためのポテンシャルは電子の存在確率によって決まり,同位体種によって変わらないと近似できるから,同位体種の平衡核間距離は同じである.

章末問題

7・1 500 nm の電磁波を H_2 分子に照射してラマン散乱による振動スペクトルを測定したとする.アンチストークス線のエネルギーとストークス線のエネルギー(波数)を求めよ.基本音のエネルギー(波数)は表 5・2 の値から計算せよ.なお,回転エネルギー準位については無視してよい.

7・2 前問で,400 nm の電磁波を照射したとする.アンチストークス線とストークス線のエネルギー(波数)はどのようになるか.

7・3 前問で,300 K でアンチストークス線とストークス線の強度比はどのようになるか.強度比は照射する電磁波の波長に依存するか.ただし,ボルツマン定数 k_B を 1.381×10^{-23} J K^{-1} とする.

7・4 図 7・3 に対応するアンチストークス線の振動回転遷移の様子を描け.

7・5 O 枝,P 枝,Q 枝,R 枝,S 枝で,遷移した後の回転の量子数 J' が 5 とする.遷移する前の回転の量子数 J'' はそれぞれいくつか.

7・6 O 枝 ($J''=2$) と O 枝 ($J''=3$) のエネルギー間隔を表す式を求めよ.

7・7 前問で,もしも,振動基底状態と振動励起状態の回転定数が同じだとすると,エネルギー間隔はどのようになるか.

7・8 ラマン散乱による $^{14}N_2$ 分子の振動回転スペクトルで,核スピン重率と回転エネルギー準位の縮重度だけを考え,ボルツマン分布則を考えないとする.O 枝 ($J''=2$) と O 枝 ($J''=3$) の相対強度はどのようになるか.

7・9 前問で,S 枝 ($J''=2$) と S 枝 ($J''=3$) の相対強度はどのようになるか.

7・10 ラマン散乱による $^{14}N_2$ 分子の振動回転スペクトルの J_{max} を求めよ.ただし,J_{max} は偶数で,$T=300$ K,$c=2.998\times10^{10}$ cm s^{-1},$h=6.626\times10^{-34}$ J s,$k_B=1.381\times10^{-23}$ J K^{-1},$B_0=1.9895$ cm^{-1} とする.

8
電子スペクトル

> 電子基底状態と電子励起状態の準位間でも遷移が起きる．電子運動に基づく遷移なので，等核二原子分子でも異核二原子分子でも電子遷移は起きる．電子振動回転スペクトルは複雑ではあるが，回転の量子数に選択則があるのでP枝やR枝に対応する吸収線が並ぶ．電子遷移のしやすさは，フランク-コンドン因子の大きさで決まる．

8・1 電子状態と振動状態と回転状態

§4・1で説明したように，ボルン-オッペンハイマー近似を使うと，分子の波動関数 $\psi_{分子全体}$ は電子の運動と原子核の分子内運動（振動運動と回転運動），に関する波動関数の積で表される〔(4・2)式〕．

$$\psi_{分子全体} = \psi_{電子} \times \psi_{振動} \times \psi_{回転} \tag{8・1}$$

また，分子全体のエネルギー固有値は，電子運動のエネルギー固有値，振動運動のエネルギー固有値，回転運動のエネルギー固有値の和になる．

$$E_{分子全体} = E_{電子} + E_{振動} + E_{回転} \tag{8・2}$$

振動運動と回転運動の波動関数およびエネルギー固有値，そして，エネルギー準位間の遷移やスペクトルについては，これまでに詳しく説明した．この章では，電子運動の波動関数およびエネルギー固有値，そして，電子遷移や電子スペクトルについて説明する．孤立した原子は原子核の分子内運動がないので，電子スペクトルの解釈はむずかしくない*．一方，分子の電子スペクトルは，振動遷移や回転遷移も同時に起きるために，とても複雑になる．分子のそれぞれの電子状態に無数の振動エネルギー準位を考え，それぞれの振動エネルギー準位に無数の回転エネルギー準位を考えなければならないからである．それぞれのエネルギー準位の関係および準位間の遷移を伴う電磁波の吸収，放射を図8・1にまとめる．

---

* 原子スペクトルについてはⅠ巻2章で詳しく説明した．

8. 電子スペクトル

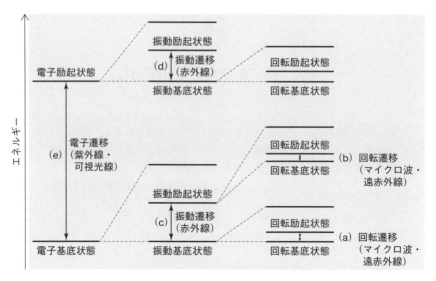

図 8・1 電子状態，振動状態，回転状態からなる分子のエネルギー準位

図8・1の(a)で示した電子基底状態の振動基底状態での回転遷移では，マイクロ波あるいは遠赤外線が吸収され，純回転スペクトルが観測される（2章参照）．(b)で示した電子基底状態の振動励起状態での回転遷移も可能であるが，ボルツマン分布則のために振動励起状態の分子数が少なく，吸収線の強度がかなり弱く，一部の分子を除いて，純回転スペクトルを測定することはむずかしい．(c)で示した振動基底状態の回転状態から振動励起状態の回転状態への遷移で赤外線を吸収すれば，振動回転スペクトルが観測される（6章参照）．振動回転スペクトルを解析すれば，振動基底状態および振動励起状態のさまざまな分子定数を決定できる．原理的には，(d)で示した電子励起状態の振動回転スペクトルを測定することも可能であるが，ボルツマン分布則のために，電子励起状態の分子数は皆無に等しく，振動励起状態の回転スペクトルの測定(b)よりもさらに厳しくなり，不可能に近い*．この章では，(e)で示した電子基底状態と電子励起状態の間の電子遷移と，電子スペクトル（紫外・可視スペクトルともいう）に対する振動エネルギー準位，回転エネルギー準位の影響を調べる．

---

* 強力なパルス化された可視光線，紫外線のレーザーを使って，分子を電子励起状態に瞬間的に遷移させ，その後ただちにもう一つのエネルギー可変の赤外線のレーザーを使って，電子励起状態の振動回転スペクトルを測定することもできる（§18・2参照）．これを二重共鳴法という．

8・2 フランク-コンドン因子

　電子遷移がどのくらいの時間で起きるかというと，瞬時に起きる．それに対して原子核の分子内運動はゆっくりであり，核間距離が変わる振動運動にはある程度の時間がかかる．そうすると，電子遷移の間，原子核は静止していると考えてよい．このような考え方に基づく電子遷移を垂直遷移とよぶ．ポテンシャルエネルギーを表す横軸の核間距離が変わらないまま，垂直に遷移する（電子運動のエネルギー状態が変わる）という意味である．

　原子核が静止していても，電子が運動すれば電荷の偏りができる[*1]．電荷の偏りができれば電子遷移が可能であり，分子が永久電気双極子モーメントをもつ必要はない．つまり，等核二原子分子でも異核二原子分子でも電子遷移は起きる．電子運動の座標を r とすれば，電荷の偏りは er で表され（e は電気素量），電子運動の遷移双極子モーメント〔(6・9)式参照〕は，

$$\text{遷移双極子モーメント} = \int \psi^*_{\text{電子(後)}}(er)\psi_{\text{電子(前)}}\,dr \int \psi^*_{\text{振動(後)}}\psi_{\text{振動(前)}}\,dz \int \psi^*_{\text{回転(後)}}\xi\psi_{\text{回転(前)}}\,d\xi d\phi \tag{8・3}$$

となる．つまり，電子運動，振動運動，回転運動のそれぞれの遷移双極子モーメントを計算して掛け算をすればよい．電子運動に関しては，電子遷移する前の波動関数 $\psi_{\text{電子(前)}}$ と電子遷移した後の電子運動の波動関数 $\psi^*_{\text{電子(後)}}$ の対称性（電子状態の対称性）によって，禁制遷移になったり許容遷移になったりする．これについては 9 章で詳しく説明する．

　振動運動に関しては，電子基底状態での選択則は $\Delta v = 0, \pm 1$ であった（§4・5 参照）．これは一つの電子状態の振動運動を調和振動子で近似したときに，エルミート多項式の直交性から現れた選択則である．しかし，電子遷移はポテンシャルが全く異なる電子基底状態と電子励起状態の間で起きる．したがって，エルミート多項式の直交性は関係がなく，振動の量子数に関する選択則は考えなくてよい．つまり，電子基底状態のどの振動エネルギー準位と電子励起状態のどの振動エネルギー準位の間でも電子遷移は起きる．ただし，垂直遷移を考えているので，どのくらい遷移しやすいかという遷移の確率は，核間

[*1] クリプトンやキセノンのような電子分布が球対称と思われる貴ガス原子でも，電子運動によって瞬間的に電荷の偏りができ，原子どうしが弱いながらも結合する．これをファンデルワールス結合という．中田宗隆著，"化学結合論（物理化学入門シリーズ）"，裳華房（2012）参照．

距離に依存するので注意が必要である．

ある核間距離（定数）で遷移双極子モーメント $\int \psi^*_{振動(後)} \psi_{振動(前)} d\tau$ は，電子基底状態の振動運動の波動関数と電子励起状態の振動運動の波動関数の重なり具合を表し，フランク–コンドン因子とよばれる．フランク–コンドン因子の値が大きければ電子遷移の確率は大きく，小さければ電子遷移の確率は小さい．図 8・2 に電子励起状態の平衡核間距離 R_e' が，電子基底状態の平衡核間距離 R_e'' と大きく異なる場合の電子振動遷移を示した．この場合には電子基底状態の振動の量子数 $v''=0$ の波動関数と，電子励起状態の振動の量子数 $v'=0$ の波動関数の重なり，つまり，フランク–コンドン因子の値が小さく，ほとんど遷移しない．量子数 v' がある程度大きくならないと，遷移確率も大きくならない．

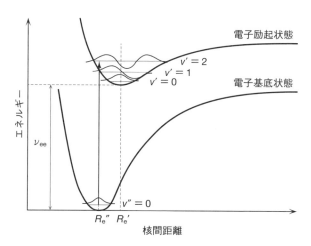

図 8・2　電子基底状態と電子励起状態の振動運動の波動関数の重なりと電子振動遷移（吸収）

回転運動に関する選択則は，電子遷移でも振動遷移でも回転遷移でも同じ $\Delta J = \pm 1$ である（ここでは電磁波の吸収と放射を考えていて，ラマン散乱の選択則は議論していない）．電子遷移でも，分子の回転運動に関しては，分子固定座標系と空間固定座標系の変換が必要だからである．つまり，二原子分子の電子振動回転スペクトルには P 枝と R 枝に対応する吸収線が現れる．

8・3 電子振動スペクトル（吸収）と解離過程

電子基底状態の平衡核間距離 R_e'' でのエネルギーと，電子励起状態の平衡核

8・3 電子振動スペクトル(吸収)と解離過程

間距離 R_e' でのエネルギーの差を ν_{ee} とする(図8・2参照).また,平衡核間距離の近くでは,ポテンシャル関数が調和項と一つの非調和項で表されると近似する.そうすると,電子基底状態の振動エネルギー準位 v'' から電子励起状態の振動エネルギー準位 v' への遷移によって吸収される電磁波のエネルギー ΔE (単位は波数)は,(5・5)式を使って,

$$\Delta E = \nu_{ee} + \left\{\nu_e'\left(v'+\frac{1}{2}\right) - x_e'\nu_e'\left(v'+\frac{1}{2}\right)^2\right\} \\ - \left\{\nu_e''\left(v''+\frac{1}{2}\right) - x_e''\nu_e''\left(v''+\frac{1}{2}\right)^2\right\} \tag{8・4}$$

となる(§8・3と§8・4では回転エネルギー準位の違いについては省略する).ただし,電子基底状態と電子励起状態でポテンシャルが異なるので,基本振動数 ν_e も非調和定数 x_e も電子状態によって異なるとした.

$v''=0 \to v'=0$ の電子遷移によって吸収される電磁波のエネルギーを ν_{00} とすれば,(8・4)式で $v''=v'=0$ を代入して,

$$\nu_{00} = \nu_{ee} + \left(\frac{1}{2}\nu_e' - \frac{1}{4}x_e'\nu_e'\right) - \left(\frac{1}{2}\nu_e'' - \frac{1}{4}x_e''\nu_e''\right) \tag{8・5}$$

となる.また,(8・5)式を使って(8・4)式を書き直せば,

$$\Delta E = \nu_{00} + \{\nu_e'v' - x_e'\nu_e'(v'^2+v')\} - \{\nu_e''v'' - x_e''\nu_e''(v''^2+v'')\} \\ = \nu_{00} + \nu_e'v'(1-x_e'-x_e'v') - \nu_e''v''(1-x_e''-x_e''v'') \tag{8・6}$$

となる.こうして,電子振動スペクトルを丁寧に解析すると,ν_{00} とそれぞれの電子状態の基本振動数(ν_e' と ν_e'')と非調和定数(x_e' と x_e'')を決定できる.ただし,ボルツマン分布則に従って,ほとんどの分子は遷移する前には電子基底状態の振動基底状態($v''=0$)になっているので,

$$\Delta E = \nu_{00} + \nu_e'v'(1-x_e'-x_e'v') \tag{8・7}$$

となる.一般に,$1 \gg x_e'$ だから(§5・2参照),(8・7)式の第2項を $\nu_e'v'$ と近似すれば,ν_{00} のエネルギーが最も低く,また,第2項の符号は正の値だから,v' が大きくなるにつれて吸収される電磁波のエネルギーはしだいに高くなる(章末問題8・2の解答参照).なお,(8・7)式からわかるように,電子振動スペクトルの解析では,電子励起状態の基本振動数 ν_e' と非調和定数 x_e' を決めることはできるが,電子基底状態の ν_e'' と x_e'' を決めることはできない.

もしも,電子励起状態が解離状態(極小値のないポテンシャル)ならば(図

8・3),電子励起状態のエネルギーは連続になり,量子化されない*.そうすると,吸収される電磁波のエネルギーの大きさも連続になり,電子振動スペクトルは連続な吸収バンドになる(章末問題8・3の解答参照).$v''=0$の振動エネルギー準位で,核間距離が短ければ(横軸で左側)電子状態間のエネルギー間隔が広がるので,吸収する電磁波のエネルギー(ν_{max})が高くなる.一方,核間距離が長ければ(横軸で右側)電子状態間のエネルギー間隔が狭くなるので,吸収する電磁波のエネルギー(ν_{min})が低くなる.なお,電磁波を吸収して電子励起状態になった分子は不安定なので,滑り台をすべるように核間距離が伸び,最後にはばらばらの原子となる.このような過程を解離過程という.

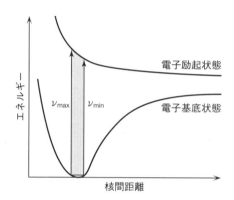

図 8・3 電子励起状態(解離状態)への電子遷移 (吸収)

8・4 電子振動スペクトル(発光)と無放射遷移

分子を放電したり(電気エネルギー),光照射したり(光エネルギー),加熱したり(熱エネルギー)すると,電子励起状態のさまざまな振動エネルギー準位の分子ができる.電子励起状態の分子は不安定なので,なんらかの方法でエネルギーを捨てて,安定な電子基底状態に戻りたい.一つの方法は電磁波の放射である.どのような電磁波が放射されるかをグラフにしたものが発光による電子振動スペクトルである.

電子基底状態にも電子励起状態にも,さまざまな振動状態があるから,さま

---

* ある限られた領域で粒子が運動すると,境界条件から量子数が現れて,エネルギーが量子化される(I巻4章参照).解離状態では空間に制限がないので,そのエネルギーは連続になる(7ページ脚注参照).

ざまなエネルギーの電磁波が放射される．その様子は吸収による電子振動スペクトルよりも複雑になる．なぜならば，吸収による電子振動スペクトルでは，ほとんどの分子が電子基底状態の振動基底状態（$v'' = 0$）にあるので，その状態からの吸収線だけを考えればよかったからである．しかし，発光による電子振動スペクトルでは，分子がさまざまな振動エネルギー準位（$v' = 0, 1, 2, \cdots$）になっていて，それらから電子基底状態のさまざまな振動エネルギー準位（$v'' = 0, 1, 2, \cdots$）に遷移するために複雑になる．すでに説明したように，電子遷移では振動の量子数の変化 Δv に選択則はない（図 8・4）．

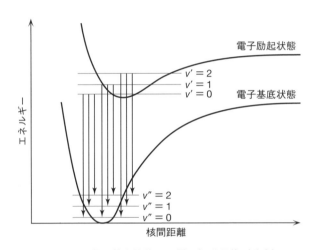

図 8・4　電子基底状態への電子振動遷移（発光）

電子励起状態にある分子がエネルギーを捨てるもう一つの方法がある．無放射遷移あるいは振動緩和という．孤立した分子ではむずかしいが，分子どうしの衝突や壁との衝突によって，振動運動のエネルギーを捨てることができる．電子励起状態の振動励起状態の分子は，振動緩和によって電子励起状態の振動基底状態（$v' = 0$）になってから電磁波を放射するという意味である．この場合には(8・6)式で $v' = 0$ を代入して，

$$\Delta E = \nu_{00} - \nu_e'' v'' (1 - x_e'' - x_e'' v'') \qquad (8\cdot 8)$$

となる．第2項の符号が負だから，吸収による電子振動スペクトルとは逆に，ν_{00} のエネルギーが最も高く，v'' が大きくなるにつれて放射される電磁波のエネルギーはしだいに低くなる（章末問題 8・4 の解答参照）．(8・8)式からわか

るように,発光による電子振動スペクトルの解析によって,ν_{00} および電子基底状態の ν_e'' と x_e'' (表5・2) を求めることができる.

8・5 電子振動回転スペクトル(吸収と発光)

振動遷移と回転遷移に関する選択則によって,赤外吸収による振動回転スペクトルがP枝とR枝の吸収線からできていることを6章で説明した.電子振動スペクトルも丁寧に測定すると,振動エネルギー準位だけではなく,さらに,回転エネルギー準位のために,たくさんの吸収線からできていることがわかる.ただし,すでに説明したように(§8・2),電子振動回転スペクトルでも,振動回転スペクトルと同じ選択則 ($\Delta J = \pm 1$) が成り立つ.つまり,P枝とR枝に対応する吸収線を観測できる*.

吸収される電磁波のエネルギー ΔE は,電子振動状態のエネルギー固有値を表す(8・6)式に,回転運動のエネルギー固有値を表す(2・10)式を考慮して,

$$\begin{aligned}\Delta E = {} & \nu_{00} + \nu_e'v'(1-x_e'-x_e'v') - \nu_e''v''(1-x_e''-x_e''v'') \\ & + B'J'(J'+1) - B''J''(J''+1)\end{aligned} \quad (8\cdot 9)$$

となる.ただし,遠心力歪み定数の寄与は無視できると仮定した.電子振動回転スペクトルのP枝の吸収線のエネルギー $\Delta E_{(\mathrm{P})}$ を求めるためには,(8・9)式で $J' = J''-1$ を代入すればよい.

$$\begin{aligned}\Delta E_{(\mathrm{P})} = {} & \nu_{00} + \nu_e'v'(1-x_e'-x_e'v') - \nu_e''v''(1-x_e''-x_e''v'') \\ & + B'(J''-1)J'' - B''J''(J''+1) \\ = {} & \nu_{00} + \nu_e'v'(1-x_e'-x_e'v') - \nu_e''v''(1-x_e''-x_e''v'') \\ & - (B'+B'')J'' + (B'-B'')J''^2\end{aligned} \quad (8\cdot 10)$$

一方,R枝の吸収線のエネルギー $\Delta E_{(\mathrm{R})}$ は(8・9)式で $J' = J''+1$ を代入して,

$$\begin{aligned}\Delta E_{(\mathrm{R})} = {} & \nu_{00} + \nu_e'v'(1-x_e'-x_e'v') - \nu_e''v''(1-x_e''-x_e''v'') \\ & + B'(J''+1)(J''+2) - B''J''(J''+1) \\ = {} & \nu_{00} + \nu_e'v'(1-x_e'-x_e'v') - \nu_e''v''(1-x_e''-x_e''v'') \\ & + 2B' + (3B'-B'')J'' + (B'-B'')J''^2\end{aligned} \quad (8\cdot 11)$$

と計算できる.しかし,電子遷移では電子基底状態の核間距離と電子励起状態の核間距離が大きく異なるので,回転定数については $B' = B''$ と仮定することができない.どのような電子励起状態を考えるかによって,$B' > B''$ となるこ

---

* たとえば,$^1\Sigma \Leftrightarrow {}^1\Pi$ の電子遷移 (9章参照) のように,電子基底状態と電子励起状態で電子の角運動量が変化すると,Q枝も許容遷移になることもある.

8・5 電子振動回転スペクトル(吸収と発光)

ともあるし，$B' < B''$ となることもある．複雑な電子振動回転スペクトルをどのように解析したらよいだろうか．

P枝の吸収線のエネルギーを表す(8・10)式で $J'' = -n$ とおくと，

$$\Delta E_{(P)} = \nu_{00} + \nu_e'v'(1 - x_e' - x_e'v') - \nu_e''v''(1 - x_e'' - x_e''v'') \\ + (B' + B'')n + (B' - B'')n^2 \qquad (8・12)$$

となる．ただし，P枝では $J'' = 1, 2, 3, \cdots$ だから，$n = -1, -2, -3, \cdots$ である．また，R枝の吸収線のエネルギーを表す(8・11)式で $J'' = n-1$ とおくと，$\Delta E_{(P)}$ と全く同じ式が得られる．

$$\Delta E_{(R)} = \nu_{00} + \nu_e'v'(1 - x_e' - x_e'v') - \nu_e''v''(1 - x_e'' - x_e''v'') \\ + (B' + B'')n + (B' - B'')n^2 \qquad (8・13)$$

ただし，R枝では $J'' = 0, 1, 2, \cdots$ だから，$n = 1, 2, 3, \cdots$ である．

横軸に変数 n をとり，縦軸に吸収線のエネルギー〔(8・12)式および(8・13)式の値〕をとると，図8・5に描くような2次曲線になるはずである（スペクトルでは横軸が電磁波のエネルギーであるが，ここでは縦軸が吸収線のエネルギーになっている）．この場合には，あるエネルギーの値のところで水平線を引くとわかるが，スペクトルの同じようなところで（吸収線のエネルギーが同じようなところで），あるP枝とあるR枝がともに現れることがわかる．測定した吸収線がP枝であるかR枝であるかを決めることはむずかしい．そこで，測定したそれぞれの吸収線に，とりあえず適当な n の値を仮定して，図8・5のようにプロットする．もしも，きれいな2次曲線になれば，スペクトルの解析（仮定した n の値）が正しいことの確証になる．なお，図8・5では $n = 0$ には吸収線がない．その理由は(8・12)式でも(8・13)式でも $n = 0$ は条件から除かれるからである．これが§6・5で説明した振動回転スペクトルのバンドギャッ

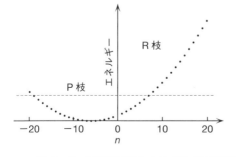

図8・5　2次曲線になるP枝とR枝の吸収線のエネルギー

プに相当する.

発光による電子振動回転スペクトルを観測することも可能である. N_2 分子を放電させて,生成した窒素分子イオン N_2^+ の $v'=0 \to v''=0$ の電子振動回転スペクトルを図 8・6 に示す.横軸は発光の波長(単位は $1\,\mathrm{nm} = 1 \times 10^{-9}\,\mathrm{m}$),縦軸は発光強度を表す.エネルギーは波長の逆数(波数)に比例するので,波長が長くなれば(横軸の右方向),電磁波のエネルギーは低くなる.振動回転スペクトルとは逆向きである(図 6・4 参照).したがって,P 枝のほうが R 枝よりも右にある.また,赤外線の波数はエネルギーに比例するが,可視光線,紫外線の波長はエネルギーに反比例する.エネルギー間隔が等間隔でも波長は等間隔にならないので注意が必要である.

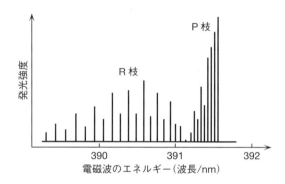

図 8・6 N_2^+ イオンの電子振動回転スペクトル(発光)

P 枝は狭いエネルギーの範囲で数多くの発光線が重なって現れる.図 8・5 の放物線の極小値の付近では,エネルギーの値の近いたくさんの P 枝が集まっていることに対応する($-10 < n < 0$ の領域付近).一方,一連の R 枝は規則的に現れる($n > 0$ の領域).赤外吸収による振動回転スペクトル(たとえば図 6・4)では $B_1 < B_0$ なので,回転の量子数 J'' が大きくなるにつれて R 枝のエネルギー間隔はしだいに狭くなった.一方,図 8・6 の N_2^+ イオンの電子振動回転スペクトルでは $B' > B''$ であり,R 枝のエネルギー間隔はしだいに広がる.なお,相対強度が約 2:1 で交互に現れているようにみえるが,その原因は核スピン重率である.これについては §3・5 で詳しく説明した.

章末問題

8・1 $v''=0 \to v'=0$ によって吸収される電磁波のエネルギー ν_{00} を図 8・2

に書きこめ.

8・2 図8・2のように電子励起状態に極小値がある場合，横軸に電磁波のエネルギーをとり，吸収による電子振動スペクトルを模式的に描け．ν_{00}の位置を示せ．吸収線の数や相対強度は適当でよい．

8・3 図8・3のように電子励起状態に極小値がない場合，横軸に電磁波のエネルギーをとり，吸収による電子振動スペクトルを模式的に描け．ν_{max}とν_{min}の位置を示せ．吸収バンドの幅や強度は適当でよい．

8・4 図8・4のように電子励起状態に極小値がある場合，横軸に電磁波のエネルギーをとり，振動緩和後の発光による電子振動スペクトルを模式的に描け．ν_{00}の位置を示せ．吸収線の数や相対強度は適当でよい．

8・5 R枝の吸収線のエネルギーを与える(8・13)式が，(8・11)式から得られることを確認せよ．

8・6 電子振動回転スペクトルで，P枝（$J''=1$）とR枝（$J''=0$）のエネルギーの平均値を表す式を求めよ．

8・7 電子振動回転スペクトルで，P枝（$J''=1$）とR枝（$J''=0$）のバンドギャップのエネルギー間隔を求めよ．

8・8 図8・5で，最もエネルギーが低い吸収線のnを求めよ．回転定数B''とB'を使って式で表せ．

8・9 前問で，電子基底状態と電子励起状態の回転定数B''とB'が同じ場合にどのようになるか．

8・10 図8・5で$n=0$の吸収線はどのような遷移によるものかを答えよ．

9

対称性と電子スペクトル

全軌道角運動量の分子軸への射影 M_L の大きさによって,分子の電子状態には $\Sigma, \Pi, \Delta, \cdots$ のようなギリシャ文字の名前がつけられる.分子がイオン化エネルギー以上のエネルギーをもつ電磁波を吸収すると,電子が飛び出す.その電子の運動エネルギーを調べると,分子軌道のエネルギーを近似的に求めることができる.

9・1 分子軌道の対称性と名前

二つの電子状態間での遷移の選択則を調べるためには,電子の波動関数 $\psi_{電子}$ に関する遷移双極子モーメント $\int \psi^*_{電子(後)} (er) \psi_{電子(前)} \, dr$ を計算する必要がある.その場合に遷移する前と後の電子の波動関数 $\psi_{電子}$ の対称性によって,許容遷移になったり禁制遷移になったりする.複数の電子からなる二原子分子では,$\psi_{電子}$ は個々の電子の分子軌道の波動関数の積で表されると近似できるから(これをクープマンスの定理という),分子軌道の波動関数の対称性を調べればよい.さらに,分子軌道の波動関数は原子軌道の波動関数の線形結合で表されるから(I 巻 11 章参照),まずは原子軌道の波動関数の対称性を考える.

電子の回転運動による軌道角運動量の量子数(方位量子数)l が 0, 1, 2, $\cdots$ のとき,原子軌道には s 軌道,p 軌道,d 軌道,$\cdots$ のニックネームがある(表 9・1).また,軌道角運動量の z 成分も量子化されていて,その量子数(磁気量子数)m_l には $m_l = -l, -l+1, \cdots, +l$ という条件がある(§2・2 参照).一方,

表 9・1 原子軌道と分子軌道の名前

原子		分子	
l	記号	$|m_l|$	記号
0	s	0	σ
1	p	1	π
2	d	2	δ
3	f	3	φ

9・1 分子軌道の対称性と名前

二原子分子の電子は原子核のまわりを回転運動しているわけではないので,分子軸を z 軸と定義して,分子軸のまわりの軌道角運動量の z 成分 l_z とその量子数 m_l を考える.原子軌道の s 軌道 ($l=0$, $m_l=0$) の線形結合でできる分子軌道は $m_l=0$ であり,σ軌道とよぶ.p_z 軌道 ($l=1$, $m_l=0$) の線形結合でできる分子軌道も $m_l=0$ であり,σ軌道である.一方,p_x 軌道あるいは p_y 軌道 ($l=1$, $m_l=\pm 1$) の線形結合でできる分子軌道は $|m_l|=1$ であり*,π軌道とよぶ.同様にして,d_{xy} 軌道あるいは $d_{x^2-y^2}$ 軌道 ($l=2$, $m_l=\pm 2$) の線形結合でできる分子軌道 ($|m_l|=2$) をδ軌道とよぶ (表9・1).

分子軌道の名前は波動関数の対称性でも定義できる.原子軌道の 1s 軌道の波動関数は球対称であり (I巻§5・2参照),その符号はどの位置でも同じである.分子軌道のσ軌道も分子軸方向から眺めると 1s 軌道と同じように見える〔図9・1(a)〕.このような軸対称性の分子軌道をσ軌道という.また,$2p_x$ 軌道と $2p_y$ 軌道の波動関数を分子軸方向から眺めると,正の符号の領域(実線)と負の符号の領域(破線)が180°反対側にある.このような分子軌道をπ軌道とよぶ.また,分子軸まわりの90°ごとに,正の符号の領域と負の符号の領域が交互に現れる分子軌道をδ軌道とよぶ.分子軌道のσ, π, δ などの名前は分子軸方向から眺めたときの波動関数の対称性を表すと考えてもよい.

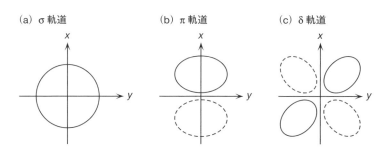

図 9・1 分子軸 (z 軸) 方向から眺めた分子軌道の対称性 (波動関数の符号の違いを実線と破線で表す)

等核二原子分子の分子軌道の波動関数の対称性は,さらに,鏡映操作と反転操作で区別する (I巻§12・5参照).鏡映操作というのは,たとえば yz 平面に対して波動関数を入れ替える操作のことである.この操作の座標変換では

---

* p_x 軌道と p_y 軌道は $l=1$, $m_l=\pm 1$ の二つの縮重した波動関数の直交変換でできていて,どちらが $m_l=+1$ でどちらが $m_l=-1$ とはいえない (I巻§5・5参照).

x 座標だけが $-x$ になる．もしも，鏡映操作で符号が変わらずに $\psi(-x, y, z) = \psi(x, y, z)$ ならば，分子軌道の名前の右上に + を添え，$\psi(-x, y, z) = -\psi(x, y, z)$ ならば − を添える．一方，反転操作というのは 2 個の原子核の位置の中点（座標の原点）に対して，波動関数を入れ替える操作のことである．座標変換で表すと，$(x, y, z) \to (-x, -y, -z)$ である．もしも，反転操作で符号が変わらずに $\psi(-x, -y, -z) = \psi(x, y, z)$ ならば，g（ドイツ語の gerade）を分子軌道の名前の右下に添える．また，符号が変わって $\psi(-x, -y, -z) = -\psi(x, y, z)$ ならば，u（ドイツ語の ungerade）を添える．

たとえば，2 個の H 原子の 1s 軌道の波動関数（χ_A と χ_B とする）からなる H$_2$ 分子の分子軌道を考えてみよう（I 巻 11 章参照）．この場合には，線形結合によって結合性の σ_{1s} 軌道（= $\chi_A + \chi_B$）と反結合性の σ^*_{1s} 軌道（= $\chi_A - \chi_B$）ができる（図 9・2）．ともに s 軌道からできているから，対称性は σ（$m_l = 0$）である．また，鏡映操作に関してはともに + である．しかし，反転操作では，σ_{1s} 軌道は g であり，σ^*_{1s} 軌道は u である．結局，結合性の σ_{1s} 軌道の対称性は σ_g^+ となり，反結合性の σ^*_{1s} 軌道の対称性は σ_u^+ となる．そのほかの原子軌道の線形結合でできる分子軌道の対称性については I 巻の表 13・1 に載せてある．

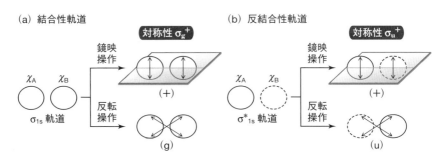

図 9・2　**H$_2$ 分子の分子軌道の対称性**（波動関数の符号の違いを実線と破線で表す）

9・2　電子状態の対称性と名前

原子あるいは分子のなかに複数の電子があると，それらの電子の角運動量は相互作用する．角運動量によって磁気双極子モーメントが誘起され，電磁力が生まれるからである．I 巻 §9・1 では電子間の相互作用を理解するために，複数の電子の軌道角運動量 l のベクトル和である全軌道角運動量 L を考えた．原子に 2 個の電子が含まれる場合，全軌道角運動量の量子数 L は，

9・2 電子状態の対称性と名前

$$L = |l_1 - l_2|, \cdots, l_1 + l_2 \tag{9・1}$$

となる.Lの値が 0, 1, 2, … のように増えるに従って,電子間の相互作用を考慮した電子状態を S, P, D, … のように名づける(表 9・2).

表 9・2 複数の電子を含む電子状態の名前

原子		分子	
L	記号	$|M_L|$	記号
0	S	0	Σ
1	P	1	Π
2	D	2	Δ
3	F	3	Φ

同様に二原子分子の場合にも,複数の電子の軌道角運動量のベクトル和である全軌道角運動量 $\boldsymbol{L}$ を考え,その分子軸方向の成分,すなわち,z 成分の量子数 M_L($= m_{l1} + m_{l2}$)で電子状態の名前を考える.M_L は負の値になることもあるので絶対値をつけて,$|M_L|$ の値が 0, 1, 2, … に従って,電子状態を Σ, Π, Δ, … と名づける(表 9・2).たとえば,2 個の電子がともに結合性の σ_{1s} 軌道になっている H_2 分子の電子基底状態は,それぞれの電子の m_l の値がともに 0 だから M_L の値も 0 になる.H_2 分子の電子基底状態の名前は Σ である.

鏡映操作と反転操作に関する対称性は,それぞれの分子軌道の対称性を掛け算すればよい(対称×対称 = 対称,対称×反対称 = 反対称,反対称×反対称 = 対称).対称性の掛け算を ⊗ で表すと,

$$+ \otimes + = + \quad - \otimes - = + \quad - \otimes + = - \quad + \otimes - = -$$
$$g \otimes g = g \quad u \otimes u = g \quad u \otimes g = u \quad g \otimes u = u \tag{9・2}$$

が成り立つ.電子配置が $(\sigma_{1s})^2$ の対称性は ($+ \otimes + = +$) と ($g \otimes g = g$) だから,H_2 分子の電子基底状態の名前は Σ_g^+ となる.

2 個の電子の全スピン角運動量の量子数 S については,原子と同様に考えればよい(I 巻 §9・1 参照).

$$S = |s_1 - s_2|, \cdots, s_1 + s_2 \tag{9・3}$$

個々の電子のスピン角運動量の量子数 s は常に 1/2 なので,H_2 分子の電子基底状態の S は 0 か 1 である.しかし,スピン角運動量の磁気量子数 m_s についてはパウリの排他原理を考慮する必要がある.つまり,$m_{s1} = -1/2$ ならば $m_{s2} = +1/2$,$m_{s1} = +1/2$ ならば $m_{s2} = -1/2$ であり,いずれの場合でも全スピン角

運動量の磁気量子数 M_S $(= m_{s1} + m_{s2})$ は 0 である．したがって，$S = 0$ だけが許され，スピン多重度 $(2S+1)$ は 1 である（磁気量子数 M_S の種類の数）．H_2 分子の電子基底状態の名前は $^1\Sigma_g^+$ となる（スピン多重度を左上に添える）．

9・3 電子基底状態の名前

安定に存在しない He_2 分子と Be_2 分子を除き，等核二原子分子の電子基底状態の名前と，分子軌道の対称性で表した電子配置を表 9・3 に示す．たとえば，Li_2 分子の電子基底状態の電子配置は $(\sigma_{1s})^2(\sigma^*_{1s})^2(\sigma_{2s})^2$ であり（I 巻の図 13・7 参照），分子軌道の対称性では $(\sigma_g^+)^2(\sigma_u^+)^2(\sigma_g^+)^2$ となる．すべての分子軌道が σ $(m_l = 0)$ なので，M_L は 0 である．また，鏡映操作に対する対称性はすべての分子軌道が + なので + であり，反転操作に対する対称性は $(g \otimes g) \otimes (u \otimes u) \otimes (g \otimes g)$ なので g である．2 個の電子が同じ分子軌道で対をつくる場合の対称性は必ず + かつ g である．さらに，パウリの排他原理によって，スピン角運動量の向きが逆になって対をつくるので，必ず $S = 0$ である．したがって，Li_2 分子の電子基底状態の名前は H_2 分子と同じ $^1\Sigma_g^+$ になる．

表 9・3 等核二原子分子の電子基底状態の電子配置と名前

分子	対称性で表す電子配置	名前
H_2	$(\sigma_g^+)^2$	$^1\Sigma_g^+$
Li_2	$(\sigma_g^+)^2(\sigma_u^+)^2(\sigma_g^+)^2$	$^1\Sigma_g^+$
B_2	$(\sigma_g^+)^2(\sigma_u^+)^2(\sigma_g^+)^2(\sigma_u^+)^2(\pi_u)^2$	$^3\Sigma_g^-$
C_2	$(\sigma_g^+)^2(\sigma_u^+)^2(\sigma_g^+)^2(\sigma_u^+)^2(\pi_u)^4$	$^1\Sigma_g^+$
N_2	$(\sigma_g^+)^2(\sigma_u^+)^2(\sigma_g^+)^2(\sigma_u^+)^2(\pi_u)^4(\sigma_g^+)^2$	$^1\Sigma_g^+$
O_2	$(\sigma_g^+)^2(\sigma_u^+)^2(\sigma_g^+)^2(\sigma_u^+)^2(\sigma_g^+)^2(\pi_u)^4(\pi_g)^2$	$^3\Sigma_g^-$
F_2	$(\sigma_g^+)^2(\sigma_u^+)^2(\sigma_g^+)^2(\sigma_u^+)^2(\sigma_g^+)^2(\pi_u)^4(\pi_g)^4$	$^1\Sigma_g^+$

B_2 分子の電子基底状態の電子配置 $(\sigma_{1s})^2(\sigma^*_{1s})^2(\sigma_{2s})^2(\sigma^*_{2s})^2(\pi_{2p})^2$ を対称性で表すと $(\sigma_g^+)^2(\sigma_u^+)^2(\sigma_g^+)^2(\sigma_u^+)^2(\pi_u)^2$ である．π_u の対称性の分子軌道以外では 2 個の電子が対になっているので，波動関数の対称性としては $(\pi_u)^2$ のみを考えればよい．π_u は 2 個の原子のそれぞれの $2p_x$ 軌道あるいは $2p_y$ 軌道の線形結合でできる分子軌道の対称性であり，二つの軌道が縮重している．ただし，m_l の値を定義できない（§9・1 脚注参照）．そこで，$2p_x$ 軌道と $2p_y$ 軌道に直交変換する前の波動関数の線形結合からなる縮重した二つの分子軌道で考える．こう

9・3 電子基底状態の名前

すれば分子軌道 π_u の m_l の値を定義できる.

パウリの排他原理で禁止される電子配置を除くと, $(\pi_u)^2$ の電子配置は図9・3の4通りの組合わせとなる. 矢印の向きは個々の電子のスピン角運動量 s の向きを表す. スピン角運動量の向きをすべて逆にした組合わせもあるが, 向きは相対的なものなので, ここでは考えない. 電子配置の(a)と(b)では, それぞれ $m_{l1}+m_{l2} = -1-1 = -2$ または $= +1+1 = +2$ だから, ともに $|M_L|$ の値は2であり, 電子状態の名前は Δ である. また, 反転操作に関する対称性は $u \otimes u = g$ である. スピン角運動量の向きは逆だから一重項 ($S = 1/2 - 1/2 = 0$) であり, どちらの電子配置も $^1\Delta_g$ となる.

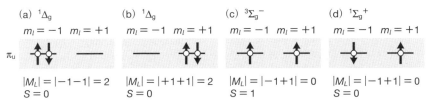

図 9・3 $(\pi_u)^2$ の可能性のある 4 通りの電子状態

一方, 電子配置の(c)と(d)では, ともに $M_L = m_{l1}+m_{l2} = -1+1 = 0$ だから電子状態の名前は Σ である. また, 反転操作に関する対称性は $u \otimes u = g$ である. 電子配置(c)のスピン角運動量の向きは同じであり, $S = 1$ となって三重項だから $^3\Sigma_g$ である. また, 電子配置(d)のスピン角運動量の向きは逆であり, $S = 0$ となって一重項だから $^1\Sigma_g$ となる. フントの規則に従えば (I 巻 9 章), スピン多重度が最も大きい電子状態が最もエネルギーが低いので, $(\pi_u)^2$ の 4 通りの電子配置のなかで, B_2 分子の電子基底状態は(c)の $^3\Sigma_g$ となる.

鏡映操作に関する対称性については, 電子の波動関数 $\psi_{電子}$ の具体的な式〔I 巻(4・45)式あるいは II 巻(2・14)式の球面調和関数〕にさかのぼって考える必要がある. yz 平面に関する鏡映操作は分子軸 (z 軸) まわりの角度 ϕ を $-\phi$ に変換する操作でもある. 角度 ϕ に関する波動関数は指数関数を使って $\exp(im\phi)$ で表される. 電子配置(a)の Δ 状態では $M_L = -2$ だから, 波動関数は $\exp(-i2\phi)$ である*. また, 電子配置(b)の Δ 状態では $M_L = +2$ だから, 波

---

* 波動関数は 2 個の電子の波動関数の積になるから, $\exp(im_{l1}\phi)\exp(im_{l2}\phi) = \exp\{i(m_{l1}+m_{l2})\phi\} = \exp(iM_L\phi)$ である.

動関数は $\exp(i2\phi)$ である.電子配置(a)の波動関数に対して鏡映操作 ($\phi \to -\phi$) を行うと電子配置(b)の波動関数になり,電子配置(b)の波動関数に対して鏡映操作 ($\phi \to -\phi$) を行うと電子配置(a)の波動関数になり,もとの波動関数には戻らない.つまり,鏡映操作ができない.このような場合には電子状態の名前に符号 ± をつけない[*1].

一方,電子配置(c)と(d)の Σ 状態の波動関数は $M_L = 0$ だから $\exp(i0\phi) = 1$ となり,鏡映操作 ($\phi \to -\phi$) でもとの波動関数に戻る.したがって,分子軌道の対称性に + または − の符号をつける.詳しいことは省略するが,スピン角運動量の向きがそろうと,電子状態の対称性は − になり,スピン角運動量の向きが逆になると + になる.結局,電子配置(c)の電子状態の名前は $^3\Sigma_g^-$,電子配置(d)の電子状態の名前は $^1\Sigma_g^+$ となる.

C_2 分子と N_2 分子と F_2 分子の電子基底状態は,すべての電子がそれぞれの分子軌道で対をつくるので(表 9・3),電子状態の名前は H_2 分子や Li_2 分子と同じ $^1\Sigma_g^+$ となる[*2].O_2 分子の電子基底状態は三重項であり,対をつくらない電子の分子軌道の対称性は $(\pi_g)^2$ である.これは B_2 分子の $(\pi_u)^2$ と同じように考えればよいから,O_2 分子の電子基底状態の名前は $^3\Sigma_g^-$ となる.

9・4 電子遷移の選択則

H_2 分子の最も安定な電子基底状態の電子配置は $(\sigma_{1s})^2$ であり,電子状態の名前は $^1\Sigma_g^+$ である.1個の電子が反結合性の σ^*_{1s} 軌道に励起されると電子配置は $(\sigma_{1s})(\sigma^*_{1s})$ となり,分子軌道の対称性では $(\sigma_g^+)(\sigma_u^+)$ となる.したがって,この電子励起状態の対称性は Σ_u^+ である.この電子励起状態の2個の電子は異なる軌道の σ_{1s} 軌道と σ^*_{1s} 軌道で不対電子になるので,パウリの排他原理の制限がない.したがって,$^3\Sigma_u^+$ と $^1\Sigma_u^+$ の両方が可能である.フントの規則に従えば,$^3\Sigma_u^+$ のほうが $^1\Sigma_u^+$ よりもエネルギーが低い.また,1個の電子が結合性軌道の π_{2p_x} 軌道または π_{2p_y} 軌道に励起された電子状態も同様に考えることができる.分子軌道の対称性は $(\sigma_g^+)(\pi_u)$ だから $^1\Pi_u$ と $^3\Pi_u$ となる(鏡映操作に関す

[*1] Π 状態でも M_L が $+1$ の波動関数 $\exp(i\phi)$ と M_L が -1 の波動関数 $\exp(-i\phi)$ が縮重し,鏡映操作 ($\phi \to -\phi$) でもとの関数にならない.Σ 状態 ($M_L = 0$) 以外は鏡映操作に関する対称性の符号 ± をつけない.また,σ 軌道以外の分子軌道(π 軌道,δ 軌道,…)も対称性の符号 ± をつけない.

[*2] π 軌道は二重に縮重している.4個の電子がある場合には,対称性が必ず + かつ g であり,スピン量子数 S が 0 となる.

9・4 電子遷移の選択則

る対称性の符号 ± はつけない）．横軸に核間距離をとり，縦軸にエネルギーをとって，H_2 分子のいくつかの電子状態を図 9・4 に示す．

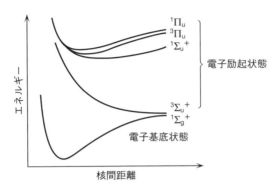

図 9・4　H_2 分子の電子基底状態と電子励起状態

電子基底状態から電子励起状態へ遷移する場合の選択則を考えてみよう．原子の場合には，全軌道角運動量の量子数 L については $\Delta L = 0, \pm 1$，全スピン角運動量の量子数 S については $\Delta S = 0$ である（I 巻 §9・5 参照）．同様に，分子の場合には $\Delta M_L = 0, \pm 1$ および $\Delta S = 0$ となる．また，反転操作と鏡映操作に関する選択則も考える必要がある（I 巻 13 章参照）．電気双極子モーメント er はベクトルであり，鏡映操作に対して向きが変わらないから対称（+）である（図 9・5）．したがって，対称性の符号 ± がつく Σ 状態間の遷移で，遷移双極子モーメント $\int \psi^*_{電子(後)} (er) \psi_{電子(前)} d\mathbf{r}$ が 0 にならないためには，$\psi_{電子(前)}$ と $\psi^*_{電子(後)}$ がともに + か − でなければならない（+ ⇔ + または − ⇔ −）．また，電気双極子モーメント er は反転操作に対して向きが変わるから反対称（u）である（図 9・5）．したがって，$\psi_{電子(前)}$ と $\psi^*_{電子(後)}$ のどちらかが u で，どちらかが g でなければならない（u ⇔ g または g ⇔ u）．

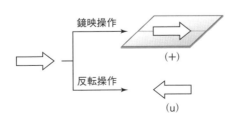

図 9・5　ベクトルの鏡映操作と反転操作

異核二原子分子の電子基底状態は等核二原子分子と同様に考えればよい．ただし，異核二原子分子は二つの原子の種類が異なるので反転操作はできない．したがって，gあるいはuの名前をつけない．たとえば，CH分子に含まれる電子数はC原子の6とH原子の1の合計7である．すでにI巻§14・4で説明したように，CH分子の電子配置は$(1\sigma)^2(2\sigma)^2(3\sigma)^2(1\pi)^1$であり，対称性で表すと，$(\sigma^+)^2(\sigma^+)^2(\sigma^+)^2(\pi)^1$である．そうすると，対をつくらない電子の$(\pi)^1$のみを考えればよい．$|M_L|=1$なので，電子基底状態は$\Pi$であり，$S=1/2$なので二重項である．結局，CH分子の電子基底状態は$^2\Pi$となる．

次に，CH分子の3σ軌道の1個の電子が1π軌道に励起された電子配置$(1\sigma)^2(2\sigma)^2(3\sigma)^1(1\pi)^2$を調べてみよう．対称性では$(\sigma^+)^2(\sigma^+)^2(\sigma^+)^1(\pi)^2$である．$3\sigma$軌道の磁気量子数$m_l$は0だから，全軌道角運動量の磁気量子数$M_L$には影響を及ぼさない．したがって，$(\pi)^2$の軌道角運動量を考えればよい．この電子配置は$B_2$分子と同じだから，電子状態は$\Delta$または$\Sigma$になる．ただし，スピン角運動量に関しては$3\sigma$軌道の電子も考慮しなければならない．3個の電子のそれぞれのスピン角運動量の量子数sはすべて1/2なので，全スピン角運動量の量子数Sの最大値は3/2（$=1/2+1/2+1/2$）であり，最小値は1/2（$=1/2+1/2-1/2$）となる．ここで，電子遷移の選択則は$\Delta S=0$だから，電子基底状態と同じ二重項（$S=1/2$）だけを考えると，遷移可能な電子状態は$^2\Delta$と$^2\Sigma^-$と$^2\Sigma^+$である（章末問題9・7）．M_Lの選択則は$\Delta M_L=0, \pm 1$だから，電子基底状態$^2\Pi$からこれらの電子励起状態への遷移は許容になる．図9・6には実験で得られたエネルギー準位間のエネルギー差を波長で表した．

一般に，最もエネルギーの低い電子基底状態をXとよび，電子基底状態と同

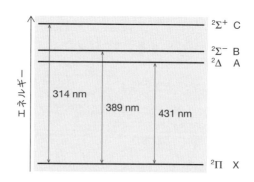

図9・6　CH分子の二重項の電子状態間の遷移

じスピン多重度の電子励起状態をエネルギーの低い順に大文字のA, B, C, … と名づける. また,電子基底状態とは異なるスピン多重度の電子励起状態をエネルギーの低い順に小文字のa, b, c, … と名づける. 大文字か小文字かによって,許容遷移か禁制遷移かがわかる[*1].

9・5 光電子スペクトル

原子Aにエネルギーの高い電磁波を照射すると,電子が飛び出してイオン A^+ になることがある. この現象をイオン化といい(I巻§8・4参照),飛び出す電子を光電子という.

$$A \xrightarrow{電磁波} A^+ + 光電子 \qquad (9・4)$$

光電子の運動エネルギー $E_{運動}$ (単位はJ)は,照射した電磁波のエネルギー $h\nu$ (ν の単位は cm^{-1} ではなく s^{-1})からイオン化エネルギー ΔE ($= E_{A^+} - E_A$)を引き算した値に一致する.

$$E_{運動} = h\nu - \Delta E \qquad (9・5)$$

分子の場合も同様である. ただし,原子のイオン化と異なり,分子のイオン化エネルギー ΔE は核間距離 R に依存する. 横軸に核間距離をとり,縦軸にエネルギーをとると,H_2 分子のイオン化の場合には図9・7のようになる[*2].

4章で説明したように,分子は振動運動していて,エネルギー固有値が量子化されている. このことはイオンでも同様である. そうすると,イオン化エネ

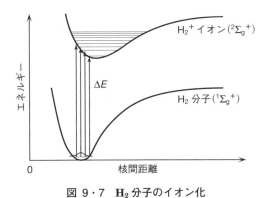

図9・7 H_2 分子のイオン化

[*1] 図8・6の N_2^+ イオンの電子スペクトルは $B(^2\Sigma_u^+) \to X(^2\Sigma_g^+)$ の許容遷移である.
[*2] 図9・7は H_2 分子の結合性軌道から反結合性軌道への遷移ではなく,H_2 分子の電子状態から H_2^+ イオンの電子状態への遷移を表す図である.

ルギーは H_2 分子の $v''=0$ から，H_2^+ イオンのさまざまな振動エネルギー準位 v'' へ遷移するためのエネルギーでもある．H_2 分子にエネルギー $h\nu$ の電磁波を照射して，光電子の運動エネルギー $E_{運動}$ を測定する．そして，横軸にイオン化エネルギー ΔE（$= h\nu - E_{運動}$）をとり，縦軸に光電子の数をとったグラフが光電子スペクトルである（図9・8）．いくつものシグナルが現れているが，それらは H_2^+ イオンの振動エネルギー準位のエネルギー固有値を反映する．相対強度は分子とイオンの振動運動の波動関数の重なり，つまり，フランク-コンドン因子で決まる（§8・2参照）．

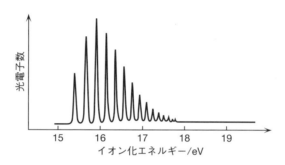

図 9・8 H_2 分子の光電子スペクトル（$1\,\mathrm{eV} \simeq 0.160 \times 10^{-18}\,\mathrm{J} \simeq 8066\,\mathrm{cm}^{-1}$）

電子をたくさん含む分子では，電子がどの分子軌道から飛び出すかによって光電子の運動エネルギーが変わるし，イオンの電子状態も変わる．逆にいうと，光電子スペクトルを測定すれば，どの分子軌道の電子が光電子になったかがわかる．例として N_2 分子の光電子スペクトルを図9・9に示す．スペクトルは三つのグループに分けられる．15〜16 eV のグループは，$2p_z$ 軌道からなる分子軌道 σ_g^+ の電子が飛び出した電子状態 $^2\Sigma_g^+$ を反映する．対をつくっていた電子の一つが光電子になるので，スピン多重度は一重項から二重項になる．また，電子状態の名前は光電子のもとの分子軌道の対称性の名前に対応する．17 eV 付近のグループは，$2p_x$ 軌道あるいは $2p_y$ 軌道からなる分子軌道 π_u の電子が飛び出した電子状態 $^2\Pi_u$ を反映する．19 eV 付近のグループは，$2s$ 軌道からなる反結合性の分子軌道 σ_u^+ の電子が飛び出した電子状態 $^2\Sigma_u^+$ を反映する．分子軌道のエネルギー固有値が低くなる（$\sigma_g^+ > \pi_u > \sigma_u^+$）につれて（表9・3参照），イオン化エネルギーは高くなる（$\Sigma_g^+ < \Pi_u < \Sigma_u^+$）．

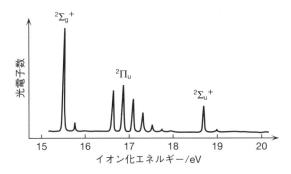

図 9・9　N_2 分子の光電子スペクトル

章末問題

9・1　He_2^+ イオンの最も安定な電子配置を波動関数の対称性で示せ.

9・2　前問で，He_2^+ イオンの全軌道角運動量の分子軸への射影の大きさ $|M_L|$ を答えよ. また，全スピン角運動量の量子数 S を答えよ.

9・3　He_2^+ イオンの電子基底状態の名前を答えよ.

9・4　分子軌道の対称性で表した電子配置 $(\pi_u)^2$ で，パウリの排他原理で制限される磁気量子数の組合わせを図 9・3 のように描け.

9・5　H_2 分子の 2 個の電子が反結合性軌道 σ^*_{1s} になったと仮定する. 電子励起状態の電子配置を分子軌道の対称性で示せ.

9・6　前問で，全軌道角運動量の分子軸への射影の大きさ $|M_L|$ を答えよ. また，全スピン角運動量の量子数 S と電子励起状態の名前を答えよ.

9・7　CH 分子の電子配置 $(1\sigma)^2(2\sigma)^2(3\sigma)^1(1\pi)^2$ について，図 9・3 を参考にして 3 通りの二重項の電子状態を描き，それぞれの電子状態の名前を答えよ.

9・8　等核二原子分子で許容遷移は次のどれか.
(a) $^1\Sigma_u^+ \Leftrightarrow {}^1\Sigma_g^+$　　(b) $^1\Sigma_u^+ \Leftrightarrow {}^3\Sigma_u^+$　　(c) $^1\Sigma_u^+ \Leftrightarrow {}^1\Pi_u$　　(d) $^1\Sigma_u^+ \Leftrightarrow {}^3\Pi_u$

9・9　電子基底状態が $^1\Sigma^+$ の分子および $^2\Sigma^+$ の分子は次のどれか.
(a) CN　　(b) BO　　(c) CO　　(d) NO

9・10　図 9・7 の H_2 分子のイオン化ではスピン多重度が変わっている. $\Delta S = 0$ の選択則は成り立たなくてもよいか.

第 II 部
多原子分子の分光学

10
直線分子，平面分子の回転スペクトル

> 直線分子の回転スペクトルの解釈は，基本的には二原子分子と同じでよい．分子軸に垂直な軸を回転軸とした慣性モーメントを求めることができる．しかし，1種類の慣性モーメントしか求められないから，二つの結合距離を決めることはできない．一方，平面分子では三つの回転軸のまわりに3種類の慣性モーメントを考える必要がある．

10・1　直線三原子分子の回転運動

　これまでは二原子分子のスペクトルについて説明した．これからは多原子分子のスペクトルを説明する．実をいうと，二原子分子から多原子分子になると，得られるスペクトルは極端に複雑になり，解釈もむずかしくなる．その理由は，分子が2次元の平面分子に，さらには3次元の立体分子になるからである．ただし，多原子分子でも，CO_2 分子のようにすべての原子が1次元で結合した直線分子もある．まずは直線三原子分子の回転運動を考えることにする．この場合の回転スペクトルの解釈は基本的に二原子分子と同じである．

　図 10・1 に示した直線三原子分子 ABC を考える．慣性モーメントの計算を簡単にするために，原子核 A を座標の原点におき，原子核 B と原子核 C を z 軸上

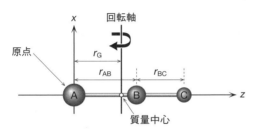

図 10・1　結合距離 r_{AB}，r_{BC} と質量中心の座標 r_G の関係

におく．原子核 A と原子核 B の結合距離を r_{AB}，原子核 B と原子核 C の結合距離を r_{BC}，原子核 A から質量中心までの距離を r_G，そして，質量中心が原子核 A と原子核 B の間にあるとする．そうすると，二原子分子の場合と同様に，質量中心の左右で"やじろべえ"を考えて〔(1・2)式参照〕，

$$m_A r_G = m_B(r_{AB} - r_G) + m_C(r_{AB} + r_{BC} - r_G) \qquad (10 \cdot 1)$$

が成り立つ．ここで m_A, m_B, m_C はそれぞれの原子核の質量である．したがって，質量中心の座標は，

$$r_G = \frac{m_B + m_C}{m_A + m_B + m_C} r_{AB} + \frac{m_C}{m_A + m_B + m_C} r_{BC} \qquad (10 \cdot 2)$$

となる．CO_2 分子のような対称な直線三原子分子では $m_A = m_C$, $r_{AB} = r_{BC}$ とおけばよく，$r_G = r_{AB} = r_{BC}$ となり，質量中心は原子核 B の位置と一致する（章末問題 10・1）．

　直線三原子分子の場合（四原子以上の直線分子でも同じ），二原子分子と同様に質量中心を中心として，z 軸に垂直な軸（x 軸に平行な軸あるいは y 軸に平行な軸）を回転軸とする回転運動を考えればよい．回転運動のエネルギー固有値 $E_{回転}$ は二原子分子の(2・10)式と同じで，

$$E_{回転} = \frac{\hbar^2}{2I} J(J+1) = BJ(J+1) \qquad (10 \cdot 3)$$

となる（遠心力歪み定数は小さいので省略）．したがって，直線三原子分子の回転スペクトルは二原子分子と変わらない（四原子以上の直線分子もすべて同じ）．ただし，慣性モーメント I は回転軸からそれぞれの原子核までの距離の2乗に質量を掛け算した値の総和だから，

$$\begin{aligned} I &= m_A r_G^2 + m_B(r_{AB} - r_G)^2 + m_C(r_{AB} + r_{BC} - r_G)^2 \\ &= m_A r_G^2 + m_B(r_{AB}^2 - 2r_{AB} r_G + r_G^2) + m_C\{(r_{AB} + r_{BC})^2 - 2(r_{AB} + r_{BC})r_G + r_G^2\} \\ &= (m_A + m_B + m_C) r_G^2 - 2\{m_B r_{AB} + m_C(r_{AB} + r_{BC})\}r_G + m_B r_{AB}^2 + m_C(r_{AB} + r_{BC})^2 \end{aligned}$$
$$(10 \cdot 4)$$

となる．(10・2)式を(10・4)式に代入すれば，直線三原子分子の慣性モーメント I は次のように計算できる．

$$I = \frac{m_A(m_B + m_C)r_{AB}^2 + 2m_A m_C r_{AB} r_{BC} + m_C(m_A + m_B)r_{BC}^2}{m_A + m_B + m_C} \qquad (10 \cdot 5)$$

CO_2 分子のような対称な三原子分子では，$m_A = m_C = m_O$（O 原子の質量）および $r_G = r_{AB} = r_{BC} = r_{CO}$（O 原子と C 原子の距離）とおけばよい．(10・4)

式の慣性モーメントは，

$$\begin{aligned} I &= (m_\mathrm{O}+m_\mathrm{B}+m_\mathrm{O})r_\mathrm{CO}^2 - 2\{m_\mathrm{B}r_\mathrm{CO}+m_\mathrm{O}(r_\mathrm{CO}+r_\mathrm{CO})\}r_\mathrm{CO} + \\ & \qquad\qquad m_\mathrm{B}r_\mathrm{CO}^2 + m_\mathrm{O}(r_\mathrm{CO}+r_\mathrm{CO})^2 \\ &= (m_\mathrm{O}+m_\mathrm{B}+m_\mathrm{O}-2m_\mathrm{B}-4m_\mathrm{O}+m_\mathrm{B}+4m_\mathrm{O})r_\mathrm{CO}^2 \\ &= 2m_\mathrm{O}r_\mathrm{CO}^2 \end{aligned} \qquad (10 \cdot 6)$$

となる（章末問題 10・2）．

10・2　直線三原子分子の結合距離の求め方

2 章で説明したように，回転スペクトルを測定して解析すると，その分子の回転定数 B を決定できる．回転定数 B が求められれば，(2・11)式〔あるいは(2・12)式，(2・13)式〕を使って，慣性モーメント I に変換できる．たとえば，CO_2 分子のように対称な三原子分子の場合には，慣性モーメントは(10・6)式で与えられるから，O 原子の質量 m_O の値を代入すれば，O 原子と C 原子の結合距離 r_CO を計算できる．ただし，等核二原子分子と同様に，対称な直線三原子分子は永久電気双極子モーメントをもたないから，マイクロ波や遠赤外線の吸収による回転スペクトルを測定できない．対称な直線分子の回転定数を求めるためには，ラマン散乱による回転スペクトルの測定などが必要である．

具体的に CO_2 分子の回転定数 B は $0.3905\ \mathrm{cm}^{-1}$ である．慣性モーメントは，

$$\begin{aligned} I &= \frac{h}{8\pi^2 cB} \approx \frac{6.626\times 10^{-34}\ \mathrm{J\ s}}{8\times 3.14\times 3.14\times (2.998\times 10^8\ \mathrm{m\ s}^{-1})\times (0.3905\times 10^2\ \mathrm{m}^{-1})} \\ &\approx 7.176\times 10^{-46}\ \mathrm{kg\ m^2} \end{aligned} \qquad (10 \cdot 7)$$

となる．計算で用いる単位は国際単位系（略称は SI）で統一した．つまり，長さは m（メートル），質量は kg（キログラム），時間は s（秒）の単位を用いた．エネルギーの単位である 1 J（ジュール）は $1\ \mathrm{kg\ m^2\ s^{-2}}$ のことである．1 個の O 原子の質量はモル質量（$15.995\times 10^{-3}\ \mathrm{kg}$）をアボガドロ定数 N_A（6.022×10^{23}）で割り算して約 $2.656\times 10^{-26}\ \mathrm{kg}$ である．この値と(10・7)式の慣性モーメントの値を(10・6)式に代入して，結合距離 r_CO を次のように計算できる．

$$r_\mathrm{CO} = \left(\frac{7.176\times 10^{-46}\ \mathrm{kg\ m^2}}{2\times 2.656\times 10^{-26}\ \mathrm{kg}}\right)^{\frac{1}{2}} \approx 1.162\times 10^{-10}\ \mathrm{m} = 116.2\ \mathrm{pm} \qquad (10 \cdot 8)$$

次に，CO_2 分子の片側の O 原子が S 原子に代わった OCS 分子（硫化カルボニル）を考える（永久電気双極子モーメントがある）．非対称な直線三原子分子

の慣性モーメントは(10・5)式で与えられる．この式には2種類の結合距離 r_{CO} と r_{CS} が含まれる．実験で得られる直線分子の慣性モーメントは1種類なので，両方の結合距離を決めることはできない．どうしたらよいだろうか．

一つの解決策は同位体種を利用する方法である．たとえば，自然界で最も多く存在するS原子の同位体は ^{32}S 原子である（約95％）が，^{34}S 原子も約4％は存在する．回転スペクトルを測定するマイクロ波分光法はとても感度がよいので，試料にこの程度の量が含まれていれば，わざわざ同位体種（OC^{34}S）を合成しなくても，回転定数（つまり，慣性モーメント）を求めることができる．もしも，同位体種によって結合距離が変わらないと仮定すれば，OC^{32}S の慣性モーメント I と OC^{34}S の慣性モーメント I^* について，r_{CO} と r_{CS} を変数（パラメーター）とする連立方程式を立てることができる．

$$I = \frac{m_O(m_C + m_S)r_{CO}^2 + 2m_O m_S r_{CO} r_{CS} + m_S(m_O + m_C)r_{CS}^2}{m_O + m_C + m_S} \quad (10\cdot9)$$

$$I^* = \frac{m_O(m_C + m_{S^*})r_{CO}^2 + 2m_O m_{S^*} r_{CO} r_{CS} + m_{S^*}(m_O + m_C)r_{CS}^2}{m_O + m_C + m_{S^*}} \quad (10\cdot10)$$

ここで，m_{S^*} は ^{34}S 原子の質量を表す．

この連立方程式を解けば，2種類の結合距離 r_{CO} と r_{CS} を求めることができる．ただし，質量の違いはわずかであり，二つの方程式の独立性が弱い．どういうことかというと，縦軸に r_{CO}，横軸に r_{CS} をとると，(10・9)式と(10・10)式は楕円のグラフになる．二つの楕円の交点が求めるべき r_{CO} と r_{CS} である．交点の近くのグラフの一部を拡大して，実線で図10・2に示す．二つの方程式の独立性が強ければ（同位体種の質量の差が大きければ），楕円の形が大きく異なり，実線で描いたように大きな角度で交わる．その結果，少しぐらい実験値に誤差（図では直線の両側の灰色の幅）があっても，連立方程式の解を表す交点の不確かさ（点線の丸で囲った領域）は，それほど大きくない〔図10・2(a)〕．一方，独立性が弱ければ（同位体種の質量の差が小さければ），楕円の形の差がほとんどなく，その結果，二つの方程式の関係は実線で描いたように平行に近くなり〔図10・2(b)〕，わずかな実験値の不確かさのために得られる結合距離の不確かさは大きくなる．§7・5で説明したように，同位体種の零点振動での平均核間距離 R_0 はわずかであるが，必ず異なる．連立方程式ではこの差を無視しているから，2種類の同位体種の慣性モーメント I から求めた結合距離の不

確定さは大きくなる可能性がある*.

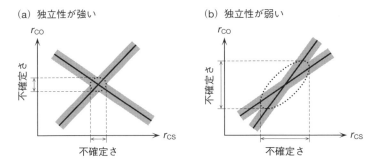

図 10・2　2種類の同位体種の慣性モーメントから結合距離を求める方法

OCS分子は永久電気双極子モーメントがあるので，^{18}O原子や^{13}C原子を含むさまざまな同位体種の慣性モーメントも回転スペクトルの解析から得られる（^{18}O原子を含む同位体種は合成が必要）．そのなかから2種類の同位体種の慣性モーメントIを使って求めた二つの結合距離r_{CO}とr_{CS}を表10・1にまとめる．r_{CO}は約116.3 pm，r_{CS}は約155.9 pmとなってほぼ一致するが，同位体種の組合わせによっては大きな差が現れる場合もある．

表 10・1　同位体種を利用した OCS 分子の結合距離

同位体種の組合わせ	r_{CO}/pm	r_{CS}/pm
$^{16}O\,^{12}C\,^{32}S$ と $^{16}O\,^{12}C\,^{34}S$	116.5	155.8
$^{16}O\,^{12}C\,^{32}S$ と $^{16}O\,^{13}C\,^{32}S$	116.3	155.9
$^{16}O\,^{12}C\,^{34}S$ と $^{16}O\,^{13}C\,^{34}S$	116.3	155.9
$^{16}O\,^{12}C\,^{32}S$ と $^{18}O\,^{12}C\,^{32}S$	115.5	156.5

10・3　平面三原子分子の回転運動

三原子分子は直線とは限らない．折れ曲がった非直線分子もある．折れ曲がってもすべての原子が一つの平面内にあるので，立体分子でなく平面分子である．ここでは平面三原子分子の例として，対称なH_2O分子の回転運動を考える．ま

---

* §7・5で説明したように，それぞれの同位体種について，振動回転相互作用を補正した後の回転定数B_eから慣性モーメントI_eを求めて連立方程式を解けば，正確な平衡核間距離R_eが得られる．平衡核間距離R_eは同位体種で差がないからである．

ずは O 原子を座標の原点におき，結合角 θ_{HOH} の二等分線を z 軸，それに垂直に x 軸と y 軸を考える（図 10・3）．2 個の H 原子は xz 平面内にあるとすると，それらの位置は z 軸に対して対称だから，質量中心は z 軸上にある（質量中心の x 座標 x_{G} も y 座標 y_{G} も 0 という意味）．原点から質量中心までの距離（質量中心の z 座標 z_{G}）は，2 個の H 原子を z 軸方向に射影して，z 軸上に仮想的な二原子分子を考えて求めればよい（図 10・4）．つまり，質量 m_{O} と質量 $2m_{\mathrm{H}}$ の粒子が $r_{\mathrm{OH}}\cos\theta$ の距離で結合していると考える．ここで，θ は z 軸と OH 結合のなす角度（2θ が結合角 θ_{HOH}）を表す．二原子分子ならば，質量中心までの距離は章末問題 1・3 で求めてある．その解答の r_{A} を表す式で，$R = r_{\mathrm{OH}}\cos\theta$，$m_{\mathrm{A}} = m_{\mathrm{O}}$，$m_{\mathrm{B}} = 2m_{\mathrm{H}}$ を代入すると次のようになる．

$$z_{\mathrm{G}} = \frac{2m_{\mathrm{H}}}{m_{\mathrm{O}} + 2m_{\mathrm{H}}} r_{\mathrm{OH}}\cos\theta \qquad (10 \cdot 11)$$

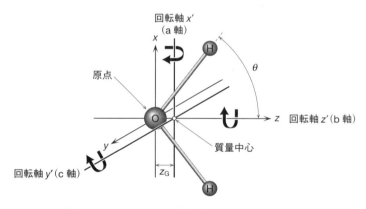

図 10・3　H_2O 分子の質量中心と 3 種類の回転軸

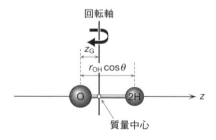

図 10・4　H_2O 分子の質量中心を求めるための仮想的な二原子分子

質量中心を中心として，とりあえず，三つの回転軸（x'軸，y'軸，z'軸）を座標軸に平行にとる（回転軸のz'軸は分子軸のz軸と一致する）．直線三原子分子の場合には，分子軸に垂直の平面（xy平面）内にある二つの回転軸（x'軸とy'軸）まわりの回転運動は等価である．しかし，平面三原子分子が3次元空間で回転すると，それぞれ異なる角速度（$\omega_{x'}, \omega_{y'}, \omega_{z'}$）で原子核が回転運動し，3種類の慣性モーメント（$I_{x'}, I_{y'}, I_{z'}$）を考える必要がある（詳しくは11章の立体分子で説明する）．

二原子分子で説明したように（§1・4参照），慣性モーメントIは回転軸から原子核までの距離の2乗に質量を掛け算した値の総和である．そうすると，回転軸z'（分子軸）に関する慣性モーメント$I_{z'}$では，O原子は分子軸上にあって動かないので，2個のH原子のみを考慮すればよい．z'軸からH原子までの距離は$r_{\mathrm{OH}}\sin\theta$だから，

$$I_{z'} = 2m_{\mathrm{H}}(r_{\mathrm{OH}}\sin\theta)^2 \qquad (10\cdot12)$$

となる．一方，回転軸x'に関する慣性モーメント$I_{x'}$では，仮想的な二原子分子（図10・4）を考えて，

$$I_{x'} = m_{\mathrm{O}}z_{\mathrm{G}}^2 + 2m_{\mathrm{H}}(r_{\mathrm{OH}}\cos\theta - z_{\mathrm{G}})^2 \qquad (10\cdot13)$$

となる．(10・11)式を(10・13)式に代入すれば，

$$I_{x'} = \frac{2m_{\mathrm{O}}m_{\mathrm{H}}}{m_{\mathrm{O}}+2m_{\mathrm{H}}}(r_{\mathrm{OH}}\cos\theta)^2 \qquad (10\cdot14)$$

が得られる（章末問題10・4）．また，回転軸y'に関する慣性モーメント$I_{y'}$は，ピタゴラスの定理により，回転軸y'からH原子までの距離の2乗が，回転軸x'からH原子までの距離の2乗と回転軸z'からH原子までの距離の2乗を足し算した値に等しいから，結局，

$$I_{y'} = I_{x'} + I_{z'} \qquad (10\cdot15)$$

となる（回転軸z'からO原子までの距離は0，回転軸x'とy'からO原子までの距離は同じ）．二つの慣性モーメントの和が残りの一つの慣性モーメントに等しくなるという(10・15)式は，どのような平面分子でも成り立つ条件である．

結合角2θは約104.5°だから，$\sin\theta > \cos\theta$である．原子の質量などを代入して計算するとすぐにわかるが，慣性モーメントの大きさの順番は$I_{x'} < I_{z'} < I_{y'}$である．慣性モーメントの大きさの小さい順に回転軸を a，b，c と名づけることになっている．したがって，回転軸x'に関する慣性モーメントをI_{a}，回転軸z'に関する慣性モーメントをI_{b}，回転軸y'に関する慣性モーメントをI_{c}と名づ

ける（図 10・3）．平面分子で成り立つ(10・15)式は $I_c = I_a + I_b$ と書くことができる（c 軸は必ず分子面に垂直）．

10・4 慣性主軸と主慣性モーメント

§10・3 では結合角の二等分線が回転軸であると考えた．そして，質量中心を求め，二等分線に垂直な二つの回転軸を考え，3 種類の慣性モーメントを計算した．しかし，三つの回転軸の方向がわからない場合もある（たとえば，後で説明する HOF 分子）．そのような場合にはどうしたらよいだろうか．

分子に対する座標軸のとり方（空間固定座標系）は自由だから，今度は片方の H 原子を原点におき，O 原子が z 軸上にあるとする（図 10・5）．質量中心の座標はこれまでと同じように求めることができる．z 座標 z_G は，

$$m_H z_G = m_O(r_{OH} - z_G) + m_H(r_{OH} - r_{OH}\cos 2\theta - z_G) \quad (10 \cdot 16)$$

だから（$\cos 2\theta$ が負の値になることに注意），

$$z_G = \frac{m_O + m_H}{2m_H + m_O} r_{OH} - \frac{m_H}{2m_H + m_O} r_{OH} \cos 2\theta \quad (10 \cdot 17)$$

となる．同様に質量中心の x 座標 x_G については，

$$m_H x_G + m_O x_G = m_H(r_{OH} \sin 2\theta - x_G) \quad (10 \cdot 18)$$

だから，

$$x_G = \frac{m_H}{2m_H + m_O} r_{OH} \sin 2\theta \quad (10 \cdot 19)$$

となる．平面分子なので質量中心の y 座標 y_G は 0 である．

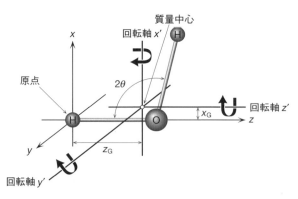

図 10・5　H_2O 分子の質量中心と 3 種類の回転軸（原点に H 原子）

10・4 慣性主軸と主慣性モーメント

質量中心の座標は計算できたが,回転軸の方向はわからない.とりあえず,空間固定座標系の軸に平行な回転軸(x'軸,y'軸,z'軸と名づける)を仮定して慣性モーメントを計算してみよう.慣性モーメントは回転軸から原子核までの距離の2乗に質量を掛け算した値の総和だから,

$$I_{z'} = m_\mathrm{H} x_\mathrm{G}^2 + m_\mathrm{O} x_\mathrm{G}^2 + m_\mathrm{H}(r_\mathrm{OH}\sin 2\theta - x_\mathrm{G})^2 \qquad (10\cdot 20)$$

となるから〔(10・18)式参照〕,(10・19)式を(10・20)式に代入して,

$$I_{z'} = \frac{m_\mathrm{H}(m_\mathrm{H} + m_\mathrm{O})}{2m_\mathrm{H} + m_\mathrm{O}} (r_\mathrm{OH}\sin 2\theta)^2 \qquad (10\cdot 21)$$

が得られる.同様に回転軸 x' のまわりの慣性モーメント $I_{x'}$ は,

$$I_{x'} = m_\mathrm{H} z_\mathrm{G}^2 + m_\mathrm{O}(r_\mathrm{OH} - z_\mathrm{G})^2 + m_\mathrm{H}(r_\mathrm{OH} - r_\mathrm{OH}\cos 2\theta - z_\mathrm{G})^2 \qquad (10\cdot 22)$$

となる〔(10・16)式参照〕.(10・17)式を(10・22)式に代入すれば,

$$I_{x'} = \frac{m_\mathrm{H}}{(2m_\mathrm{H} + m_\mathrm{O})^2} [\{m_\mathrm{O} + m_\mathrm{H}(1-\cos 2\theta)\}^2 + m_\mathrm{O} m_\mathrm{H}(1+\cos 2\theta)^2 + \{m_\mathrm{H}(1-\cos 2\theta) - m_\mathrm{O}\cos 2\theta\}^2] r_\mathrm{OH}^2 \qquad (10\cdot 23)$$

が得られる.

(10・21)式と(10・23)式の慣性モーメントは,(10・12)式と(10・14)式の慣性モーメントとは異なる.その理由は回転軸の方向が異なるからである.図10・5では,たとえば,z軸に平行な回転軸 z' を考えると,やじろべえの原理は質量中心の位置で成り立つが,回転軸のどの位置でも成り立つわけではない.つまり,回転すると,回転軸の向きがふらついてしまう*.これに対して,図10・3の回転軸 z' では2個のH原子までの距離が z' 軸上のどの位置からでも同じで,バランスがとれていて,回転しても回転軸の向きは変わらない.このような回転軸(a軸,b軸,c軸)を慣性主軸という.また,慣性主軸まわりの慣性モーメントを主慣性モーメントという(I_a, I_b, I_c).分子固定座標系の回転軸は自由に選ぶことができるが,慣性主軸は分子に固有である.適当に選んだ回転軸に関する慣性モーメント($I_{x'}$, $I_{y'}$, $I_{z'}$)から,慣性主軸および主慣性モーメント(I_a, I_b, I_c)をどのようにして見つけるかについては11章で説明する(主軸変換という).また,立体分子の回転運動のエネルギー固有値が,主慣性モーメントを使ってどのように表されるかについても11章で説明する.

---

* "こま"は軸対称なので回しても軸はぶれない.軸が斜めになっていると,こまをうまく回すことはできない.

10・5　平面三原子分子の構造の求め方

§10・3で説明したように,すべての平面分子には $I_c = I_a + I_b$ という条件がある.つまり,平面三原子分子の3種類の主慣性モーメントを実験で求めたとしても,独立な情報は二つしか得られない.そうすると,たとえば,測定した主慣性モーメント I_a と I_b から,二つの独立な構造パラメーター(結合距離や結合角など)しか決めることはできない.ただし,H_2O 分子のような対称な平面三原子分子では,(10・12)式と(10・14)式を連立方程式とみなして,結合距離 r_{OH} と結合角 θ_{HOH} を決定できる(章末問題10・5).

H_2O 分子の片方のH原子をF原子で置換すると,非対称な平面三原子分子(HOF分子)になる.非対称な平面三原子分子ABCの構造を定義するためには,r_{AB}, r_{BC}, θ_{ABC} の三つのパラメーターが必要である.したがって,一つの同位体種の実験から得られる二つの独立な主慣性モーメントからでは,三つの構造パラメーターを決定できない.ただし,非対称な直線三原子分子で説明したように(§10・2),同位体種によって構造が変わらないと仮定すれば,同位体種の慣性モーメントを組合わせて,三つすべての構造パラメーターを決定できる.特に結合角は同位体種の種類にほとんど依存しないことが知られている.

HOF分子の2種類の同位体種(HOFとDOF)の主慣性モーメントが実験で得られている(表10・2).すべての主慣性モーメントをできるだけうまく再現するように,三つの構造パラメーターを最小二乗法によって決定する.得られた値は $r_{OH} = 96.4$ pm, $r_{OF} = 144.2$ pm, $\theta_{HOF} = 97.2°$ になる.なお,平面分子であるにもかかわらず,$I_c - (I_a + I_b)$ の値は完全には0にならない(慣性欠損という).その理由は分子が振動運動しながら回転運動しているためである.振動回転相互作用の補正(6章参照)をすれば,慣性欠損は0になる.

表 10・2　HOF分子の主慣性モーメントと慣性欠損[†]

同位体種	I_a	I_b	I_c	$\Delta = I_c - (I_a + I_b)$
HOF	0.1433	3.1363	3.2891	0.0095
DOF	0.2655	3.2791	3.5577	0.0131

† 単位は 10^{-46} kg m^2.

四原子以上の分子になると,さらに構造パラメーターの数が増える.しかし,実験で決めることのできる主慣性モーメントは多くても3種類である.つまり,

四つ以上の構造パラメーターを決めることができない．対称な分子では構造パラメーターの数は減るが，それでも，その数が三つ以下になることはほとんどない．ただし，同位体種の種類の数も増えるので，実験は大変であるが，原理的にはすべての結合距離や結合角を決めることは可能である．

章末問題

10・1 (10・2)式で，対称な直線三原子分子では中心の原子が質量中心の位置になることを確認せよ．

10・2 (10・4)式からではなく，(10・5)式から(10・6)式を求めよ．

10・3 CS_2 分子（二硫化炭素）の回転定数を 0.1091 cm^{-1} とする．結合距離 r_{CS} を求めよ．S原子のモル質量を 31.972 g mol^{-1}，光速度 c を 2.998×10^{10} cm s^{-1}，プランク定数 h を 6.626×10^{-34} J s，アボガドロ定数 N_A を 6.022×10^{23} mol^{-1} とする．

10・4 (10・11)式を(10・13)式に代入して，(10・14)式を求めよ．

10・5 H_2O 分子の主慣性モーメントを $I_a = 1.022 \times 10^{-47}$ kg m^2，$I_b = 1.920 \times 10^{-47}$ kg m^2 とする．結合距離 r_{OH} と結合角 θ_{HOH} を求めよ．H原子の質量を 1.673×10^{-27} kg，O原子の質量を 2.656×10^{-26} kg とする．必要な定数は問題10・3の値を用いよ．

対称な平面四原子分子 BH_3（I巻§16・5参照）について，以下の問いに答えよ．ただし，H原子の質量を m_H，結合距離を r_{BH} とする．

10・6 分子構造と慣性主軸を描け．

10・7 主慣性モーメント I_a と I_b を式で表せ．

10・8 主慣性モーメント I_c を式で表せ．

10・9 同位体種 BH_2D 分子の慣性主軸を図で描け．

10・10 結合距離 r_{BH} と r_{BD} が変わらないとすると，BH_3 分子と BH_2D 分子の主慣性モーメント I_a, I_b, I_c を表す式は同じか異なるか．

11
立体分子の回転スペクトル

> 立体分子の回転運動のエネルギーは複雑である.質量中心を原点とする直交座標系で慣性モーメントを求め,主慣性モーメントに変換する.対称性のある分子では三つの主慣性モーメントのうち,二つあるいは三つが等しいこともある.前者の例は NH_3 分子であり,対称こま分子という.後者の例は CH_4 分子であり,球こま分子という.

11・1 立体分子の慣性モーメント

立体分子の例として NH_3 分子の回転運動を考える. NH_3 分子の幾何学的構造はⅠ巻§17・3で説明したように,N原子を頂点とする正三角錐である〔図11・1(a)〕.N原子を原点におき,1個のH原子を xz 平面内におき,3個のH原子がつくる正三角形の重心を z 軸上におく. z 軸は慣性主軸である.

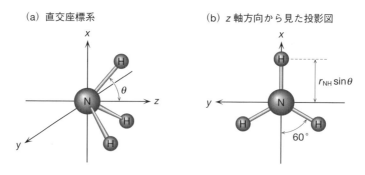

図 11・1 NH_3 分子の幾何学的構造

まずは質量中心を求める. NH_3 分子を z 軸方向から見るとすぐにわかるように, z 軸(xy 平面に垂直)から3個のH原子までの距離はすべて同じである〔図

11・1(b)〕. 質量中心の座標で表現すれば, y 座標 y_G も x 座標 x_G も 0 である. z 軸と NH 結合のなす角度を θ とすれば〔図 11・1(a)〕, z 軸から H 原子までの距離はすべて $r_{NH}\sin\theta$ である. したがって, z 軸まわりの主慣性モーメントは容易に計算できて,

$$I_z = 3m_H(r_{NH}\sin\theta)^2 \tag{11・1}$$

となる. ここで, N 原子は z 軸まわりの回転で動かないから 3 個の H 原子のみを考慮した. (11・1)式は H_2O 分子の(10・12)式で r_{OH} の代わりに r_{NH} とおき, $2m_H$ の代わりに $3m_H$ とおいた式と同じである.

次に, 質量中心の z 座標 z_G を求める. この場合には, 3 個の H 原子を z 軸へ射影して, H_2O 分子と同様に仮想的な二原子分子を考えればよい(図 11・2). つまり, 質量 m_N と質量 $3m_H$ の 2 個の粒子が距離 $r_{NH}\cos\theta$ で結合していると考えればよい. そうすると, 質量中心の z 座標は,

$$z_G = \frac{3m_H}{m_N + 3m_H} r_{NH}\cos\theta \tag{11・2}$$

となる. (11・2)式は H_2O 分子の(10・11)式で, r_{OH} の代わりに r_{NH} とおき, m_O の代わりに m_N とおき, $2m_H$ の代わりに $3m_H$ とおいた式と同じである.

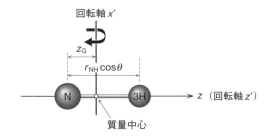

図 11・2 　NH_3 分子の質量中心を求めるための仮想的な二原子分子

質量中心を通り, x 軸に平行な回転軸 x' を考えて, 慣性モーメント $I_{x'}$ を求めてみよう. N 原子は慣性主軸上にあるから, 慣性モーメントへの寄与は $m_N z_G^2$ である. 一方, H 原子の x' 軸からの距離はピタゴラスの定理を使って計算しなければならないので, 質量中心の計算ほど簡単ではない(章末問題 11・2 と 11・3). 少し複雑であるが, 慣性モーメントの定義にしたがって計算すれば,

$$I_{x'} = m_N z_G^2 + 3m_H(r_{NH}\cos\theta - z_G)^2 + \frac{3}{2}m_H(r_{NH}\sin\theta)^2 \tag{11・3}$$

となる．(11・2)式を(11・3)式に代入すれば，

$$I_{x'} = \frac{3m_N m_H}{m_N + 3m_H}(r_{NH}\cos\theta)^2 + \frac{3}{2}m_H(r_{NH}\sin\theta)^2 \qquad (11・4)$$

が得られる（章末問題11・5）．$I_{y'}$についても同様にして，

$$I_{y'} = \frac{3}{2}m_H(r_{NH}\sin\theta)^2 + \frac{3m_N m_H}{m_N + 3m_H}(r_{NH}\cos\theta)^2 \qquad (11・5)$$

となる．(11・4)式と(11・5)式は全く同じだから，$I_{x'} = I_{y'}$ が成り立つ．実は質量中心を通れば，どの方向に回転軸 x' と回転軸 y' をとっても慣性モーメント $I_{x'}$ と $I_{y'}$ は同じ値になり，回転軸 x' と回転軸 y' を慣性主軸とみなすことができる．

11・2 対称こま分子と球こま分子

NH_3 分子のように，三つの主慣性モーメントのうち二つが同じになる分子を対称こま分子という．NH_3 分子の z' 軸（分子軸）まわりの回転運動では，3個のH原子が回転する．一方，分子軸に垂直な軸（x' 軸と y' 軸）まわりの回転運動では，回転軸からH原子までの距離が z' 軸からの距離に比べて短くなる．また，質量中心はN原子の近くにあり，慣性モーメントに対するN原子の寄与は

(a) 偏平対称こま分子 ($I_a = I_b < I_c$)

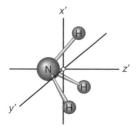
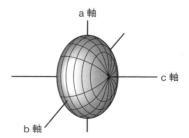

(b) 偏長対称こま分子 ($I_a < I_b = I_c$)

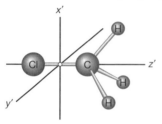
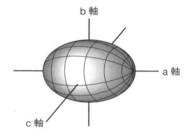

図 11・3　2種類の対称こま分子

小さい.その結果,$I_{x'} = I_{y'} < I_{z'}$ となる.z' 軸は慣性モーメントが最も大きいので c 軸となる.つまり,$I_a = I_b < I_c$ である.このような分子を偏平対称こま(英語では oblate symmetric-top rotor)分子という.どら焼きのように,楕円の短軸を回転軸とする回転楕円体をイメージすればよい〔図 11・3(a)〕.

一方,NH$_3$ 分子の N 原子を ClC で置換した ClCH$_3$ 分子(塩化メチル)は,分子軸(z' 軸)まわりの回転では質量の小さい H 原子のみが回転するが,x' 軸および y' 軸まわりの回転では質量の大きい Cl 原子も回転する.また,x' 軸および y' 軸から H 原子までの距離も z' 軸からの距離に比べて長いので,$I_{x'} = I_{y'} > I_{z'}$ となる.z' 軸は慣性モーメントが最も小さいので a 軸である.つまり,$I_a < I_b = I_c$ となる.このような分子を偏長対称こま(英語では prolate symmetric-top rotor)分子という.ラグビーボールのように,楕円の長軸を回転軸とした回転楕円体をイメージすればよい〔図 11・3(b)〕.

CH$_4$ 分子の幾何学的構造は正四面体形である(I 巻 §17・2 参照).C 原子が正四面体の中心にあり,4 個の H 原子が正四面体の頂点にある〔図 11・4(a)〕.あるいは立方体を考えて,中心に C 原子をおき,隣り合わない頂点に H 原子をおけば,CH$_4$ 分子は正四面体形となる〔図 11・4(b)〕.立方体の中心にある C 原子を座標の原点におく.C 原子の位置は明らかに質量中心だから,立方体の辺に平行に回転軸 x' 軸,y' 軸,z' 軸を考える(向かい合う面と面の中心を結ぶ軸).2 個の H 原子の距離を r_{HH} とすると,x' 軸から H 原子までの距離はすべて同じ $r_{HH}/2$ だから,x' 軸まわりの慣性モーメント $I_{x'}$ は次のようになる.

$$I_{x'} = 4m_H\left(\frac{r_{HH}}{2}\right)^2 = m_H r_{HH}^2 \qquad (11\cdot6)$$

(a) 正四面体に配置　　(b) 立方体に配置

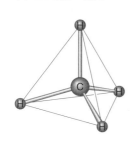
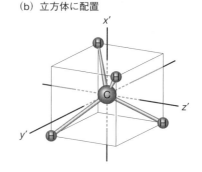

図 11・4　CH$_4$ 分子の幾何学的構造と回転軸

図 11・4(b) をみるとわかるように，y' 軸から H 原子までの距離もすべて同じ $r_{HH}/2$ である．その結果，y' 軸まわりの慣性モーメントは (11・6) 式と同じになる．また，z' 軸まわりの慣性モーメントも (11・6) 式で表される．つまり，

$$I_{x'} = I_{y'} = I_{z'} \tag{11・7}$$

が成り立つ．計算は複雑になるが，質量中心（C 原子の位置）を座標の原点において，回転軸をどの方向にとっても (11・7) 式は成り立つ（章末問題 11・7）．したがって，$I_{x'}, I_{y'}, I_{z'}$ は主慣性モーメントでもある．CH_4 分子のように，$I_a = I_b = I_c$ が成り立つ分子を球こま（英語では spherical-top rotor）分子という．対称こま分子は回転楕円体で表現したが，球こま分子はサッカーボールのような球をイメージすればよい．

2 個の H 原子間の距離 r_{HH} は C 原子と H 原子の結合距離 r_{CH} と結合角 θ_{HCH} で表すことができる．

$$r_{HH} = 2 r_{CH} \sin\left(\frac{\theta_{HCH}}{2}\right)^2 \tag{11・8}$$

(11・8) 式を (11・6) 式に代入すれば，

$$I_{x'} = 4 m_H \left\{ r_{CH} \sin\left(\frac{\theta_{HCH}}{2}\right) \right\}^2 \tag{11・9}$$

が得られる．H 原子の質量 m_H および正四面体角 θ_{HCH}（$\approx 109.5°$）は定数だから，主慣性モーメントは結合距離 r_{CH} のみの関数となる．つまり，実験で主慣性モーメントを求めることができれば，CH_4 分子の結合距離 r_{CH} を決定できる（章末問題 11・8）．ただし，永久電気双極子モーメントをもたないから，マイクロ波や遠赤外線の吸収による回転スペクトルを観測できない．

11・3　立体分子の 3 次元空間での回転運動

非対称な一般の多原子分子では，どこに慣性主軸があるのかわからない．とりあえず，質量中心を通る適当な回転軸（x' 軸，y' 軸，z' 軸）を考えることにする．ただし，これ以降の式では回転軸が分子固定座標系の座標軸であると考え，回転軸を表す記号 ' を省略する．

まずは質量 m の 1 個の粒子の 3 次元空間での回転運動を考える*．3 次元空間では I 巻 §6・1 で説明したように，角運動量ベクトル $\boldsymbol{l}$ は粒子の位置ベクト

---

*　§1・4 の 2 次元空間（平面内）の回転運動を復習してから読むと理解しやすい．

11・3 立体分子の3次元空間での回転運動

ル $r(x, y, z)$ と接線方向の運動量ベクトル p_θ の外積である〔(1・14)式参照,大きさは $l = rp_\theta$〕.

$$l = r \times p_\theta \qquad (11 \cdot 10)$$

接線方向の運動量ベクトル p_θ は角速度ベクトル $\omega(\omega_x, \omega_y, \omega_z)$ と位置ベクトル $r(x, y, z)$ と質量 m を使って〔(1・12)式参照,大きさは $p_\theta = m\omega r$〕,

$$p_\theta = m(\omega \times r) = m(\omega_y z - \omega_z y, \ \omega_z x - \omega_x z, \ \omega_x y - \omega_y x) \qquad (11 \cdot 11)$$

である.そうすると,角運動量ベクトルの成分 l_x は,

$$l_x = m\{y(\omega_x y - \omega_y x) - z(\omega_z x - \omega_x z)\} = m\{\omega_x(y^2 + z^2) - \omega_y xy - \omega_z zx\} \qquad (11 \cdot 12)$$

となる.同様にして,l_y と l_z が得られる(章末問題 11・9).

$$l_y = m\{\omega_y(z^2 + x^2) - \omega_z yz - \omega_x xy\} \qquad (11 \cdot 13)$$

$$l_z = m\{\omega_z(x^2 + y^2) - \omega_x zx - \omega_y yz\} \qquad (11 \cdot 14)$$

複数の原子からなる分子の場合,i 番目の原子の質量を m_i,質量中心を座標の原点とした位置ベクトルを $r_i(x_i, y_i, z_i)$ とすれば,分子全体の角運動量 $L(L_x, L_y, L_z)$ はそれぞれの原子の角運動量の総和で表される.

$$L_x = \sum_i m_i\{\omega_x(y_i^2 + z_i^2) - \omega_y x_i y_i - \omega_z z_i x_i\} \qquad (11 \cdot 15)$$

$$L_y = \sum_i m_i\{\omega_y(z_i^2 + x_i^2) - \omega_z y_i z_i - \omega_x x_i y_i\} \qquad (11 \cdot 16)$$

$$L_z = \sum_i m_i\{\omega_z(x_i^2 + y_i^2) - \omega_x z_i x_i - \omega_y y_i z_i\} \qquad (11 \cdot 17)$$

ここで,次のように慣性テンソルを定義する.テンソルというのは縦ベクトルと横ベクトル(転置ベクトル)の掛け算と考えればよい.

$$I = \begin{pmatrix} I_{xx} & I_{xy} & I_{xz} \\ I_{xy} & I_{yy} & I_{yz} \\ I_{xz} & I_{yz} & I_{zz} \end{pmatrix} = \begin{pmatrix} \sum_i m_i(y_i^2 + z_i^2) & -\sum_i m_i x_i y_i & -\sum_i m_i z_i x_i \\ -\sum_i m_i x_i y_i & \sum_i m_i(z_i^2 + x_i^2) & -\sum_i m_i y_i z_i \\ -\sum_i m_i z_i x_i & -\sum_i m_i y_i z_i & \sum_i m_i(x_i^2 + y_i^2) \end{pmatrix}$$

$$(11 \cdot 18)$$

慣性テンソルの対角項 I_{xx}, I_{yy}, I_{zz} を慣性モーメント,非対角項を慣性乗積という.(11・18)式の慣性テンソルを用いると,(11・15)式〜(11・17)式の角運動量は次のように表される.

$$L = \begin{pmatrix} L_x \\ L_y \\ L_z \end{pmatrix} = I \begin{pmatrix} \omega_x \\ \omega_y \\ \omega_z \end{pmatrix} = I\omega \qquad (11 \cdot 19)$$

3次元空間での回転運動のエネルギー T は，角速度ベクトル $\boldsymbol{\omega}$ と慣性テンソル $\boldsymbol{I}$ を使うと，次のようになる〔(1・18)式参照，大きさは $(1/2)I\omega^2$〕．

$$T = \frac{1}{2}{}^t\boldsymbol{\omega}\boldsymbol{I}\boldsymbol{\omega} \tag{11・20}$$

ここで，左上の t は転置行列を表す．(11・20)式を行列で表せば，

$$T = \frac{1}{2}(\omega_x\ \omega_y\ \omega_z)\begin{pmatrix} I_{xx} & I_{xy} & I_{xz} \\ I_{xy} & I_{yy} & I_{yz} \\ I_{xz} & I_{yz} & I_{zz} \end{pmatrix}\begin{pmatrix} \omega_x \\ \omega_y \\ \omega_z \end{pmatrix} \tag{11・21}$$

となる．

(11・18)式で定義した慣性テンソルは，質量中心を通る適当な回転軸まわりの慣性モーメント (I_{xx}, I_{yy}, I_{zz}) であり，慣性乗積 (I_{xy}, I_{yz}, I_{xz}) が0になる保証はない．回転軸 (x 軸, y 軸, z 軸) を適当に回転させて，回転軸が慣性主軸の方向を向くようにすると，すべての慣性乗積が0になり，慣性モーメントが主慣性モーメントになる (図11・5)．また，回転軸の方向が変わることによって角運動量も L_a, L_b, L_c となり，角速度も ω_a, ω_b, ω_c となる．それでは，どのようにして主慣性モーメントを求めるかというと，慣性テンソルを対角化して，非対角項 (慣性乗積) が0になるようにすればよい．具体的には，永年方程式，

$$\begin{vmatrix} I_{xx}-I & I_{xy} & I_{xz} \\ I_{xy} & I_{yy}-I & I_{yz} \\ I_{xz} & I_{yz} & I_{zz}-I \end{vmatrix} = 0 \tag{11・22}$$

を解いて，三つの解 I を求めて，大きさの小さい順番に I_a, I_b, I_c と名づける (§10・3参照)．任意の方向を向く回転軸 (x 軸, y 軸, z 軸) から慣性主軸 (a 軸, b 軸, c 軸) への変換を主軸変換という．

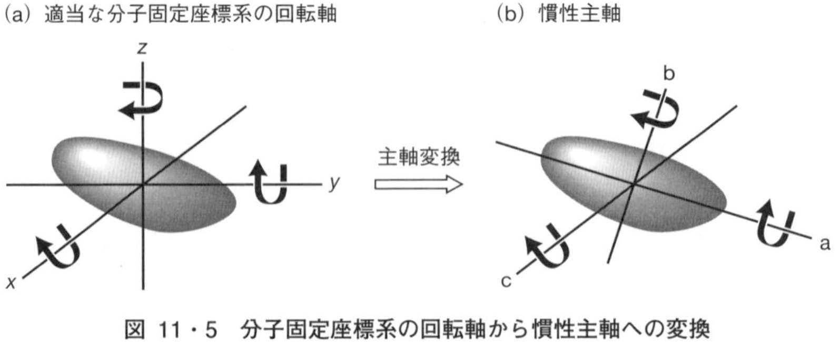

(a) 適当な分子固定座標系の回転軸　　　　(b) 慣性主軸

図 11・5　分子固定座標系の回転軸から慣性主軸への変換

対角化された慣性テンソル $\boldsymbol{I}$ の逆行列 $\boldsymbol{I}^{-1}$ は，対角要素を逆数にすることによって定義される．

$$\boldsymbol{I}^{-1} = \begin{pmatrix} I_a & 0 & 0 \\ 0 & I_b & 0 \\ 0 & 0 & I_c \end{pmatrix}^{-1} = \begin{pmatrix} I_a^{-1} & 0 & 0 \\ 0 & I_b^{-1} & 0 \\ 0 & 0 & I_c^{-1} \end{pmatrix} \quad (11\cdot 23)$$

そうすると，(11・19)式より $\boldsymbol{\omega}$ は $\boldsymbol{I}^{-1}\boldsymbol{L}$ となるから，(11・20)式の3次元空間での回転運動のエネルギー T は，

$$T = \frac{1}{2}{}^t(\boldsymbol{I}^{-1}\boldsymbol{L})\boldsymbol{I}(\boldsymbol{I}^{-1}\boldsymbol{L}) = \frac{1}{2}{}^t\boldsymbol{L}\boldsymbol{I}^{-1}\boldsymbol{L} = \frac{1}{2}\left(\frac{L_a^2}{I_a} + \frac{L_b^2}{I_b} + \frac{L_c^2}{I_c}\right) \quad (11\cdot 24)$$

となる．ここで，対角化された慣性テンソルは対称行列なので ${}^t\boldsymbol{I} = \boldsymbol{I}$ を利用した．量子論では角運動量の演算子 $\hat{L}$ を使って，演算子 $\hat{T}$ を次のように表現する．

$$\hat{T} = \frac{1}{2}\left(\frac{\hat{L}_a^2}{I_a} + \frac{\hat{L}_b^2}{I_b} + \frac{\hat{L}_c^2}{I_c}\right) \quad (11\cdot 25)$$

11・4 対称こま分子のエネルギー固有値

対称こま分子では z 軸（分子軸）と，質量中心を通り分子軸に垂直な x 軸と y 軸が慣性主軸である．ここでは偏平対称こま分子でも偏長対称こま分子でも同じ式で説明できるように，a 軸，b 軸，c 軸の代わりに同じ慣性主軸である x 軸，y 軸，z 軸の名前で説明する．z 軸は分子軸に平行だから，その慣性モーメント I_z を $I_{/\!/}$ とおき，x 軸と y 軸は分子軸に垂直だから，それらの慣性モーメント I_x と I_y を $I_\perp$ とおく．そうすると，(11・25)式は，

$$\hat{T} = \frac{\hat{L}_x^2 + \hat{L}_y^2}{2I_\perp} + \frac{\hat{L}_z^2}{2I_{/\!/}} \quad (11\cdot 26)$$

となる．ここで，角運動量の2乗 ($\hat{L}^2 = \hat{L}_x^2 + \hat{L}_y^2 + \hat{L}_z^2$) を使って書き直すと，

$$\hat{T} = \frac{\hat{L}^2}{2I_\perp} + \hat{L}_z^2\left(\frac{1}{2I_{/\!/}} - \frac{1}{2I_\perp}\right) \quad (11\cdot 27)$$

となる．第1項の演算子は二原子分子の回転運動の運動エネルギーの演算子と同じである*．角運動量に関する波動方程式の固有関数は球面調和関数であり，

---

* §1・5で説明したように，回転運動ではポテンシャルが変わらないので，運動エネルギーの演算子の固有値が回転運動のエネルギー固有値になる．

$\hat{L}^2$ と $\hat{L}_z$ の演算子の固有値は $\hbar^2 J(J+1)$ と $\hbar M$ である(§2・2参照).つまり,

$$\hat{L}^2 Y_{J,M} = \hbar^2 J(J+1) Y_{J,M} \tag{11・28}$$

$$\hat{L}_z Y_{J,M} = \hbar M Y_{J,M} \tag{11・29}$$

である.ただし,(11・27)式の第1項で表される回転運動のエネルギー固有値は $\hbar^2 J(J+1)$ であり,量子数 M には依存しない.$M = -J, -J+1, \cdots, +J$ はすべて同じエネルギー固有値 $\hbar^2 J(J+1)$ であり,その縮重度は $2J+1$ である.

一方,(11・27)式の第2項の演算子は二原子分子では現れなかった演算子である.しかし,固有関数は同じ球面調和関数であり,(11・29)式の両辺にもう一度 $\hat{L}_z$ を演算して,

$$\hat{L}_z^2 Y_{J,K} = \hbar^2 K^2 Y_{J,K} \tag{11・30}$$

が得られる.ただし,第1項の量子数と区別するために,M ではなく K とした.こうして,対称こま分子の回転運動のエネルギー固有値 $E_{回転}$ は,

$$E_{回転} = \frac{1}{2I_\perp} \hbar^2 J(J+1) + \left(\frac{1}{2I_{/\!/}} - \frac{1}{2I_\perp}\right) \hbar^2 K^2 \tag{11・31}$$

となる.偏平対称こま分子では $I_{/\!/} = I_c$, $I_\perp = I_a = I_b$ だから,(11・31)式は次のようになる.

$$E_{回転} = \frac{1}{2I_b} \hbar^2 J(J+1) + \left(\frac{1}{2I_c} - \frac{1}{2I_b}\right) \hbar^2 K^2 \tag{11・32}$$

a軸,b軸,c軸に関する回転定数をそれぞれ A, B, C とすると〔(2・11)式参照〕,

$$E_{回転} = BJ(J+1) + (C-B) K^2 \tag{11・33}$$

となる.$A = B$ だから B の代わりに A とおいてもよい.

一方,偏長対称こま分子では $I_{/\!/} = I_a$, $I_\perp = I_b = I_c$ だから,

$$E_{回転} = \frac{1}{2I_b} \hbar^2 J(J+1) + \left(\frac{1}{2I_a} - \frac{1}{2I_b}\right) \hbar^2 K^2 = BJ(J+1) + (A-B) K^2 \tag{11・34}$$

となる.B の代わりに C とおいてもよい.なお,球面調和関数の性質から,M と同様に $K = -J, -J+1, \cdots, +J$ の条件がある.$K = 0$ の場合には第1項の縮重度だけを考えればよい.つまり,縮重度は二原子分子と同じ $2J+1$ である.$K \neq 0$ の場合には,第2項に K あるいは $-K$ を代入してもエネルギー固有値は同じだから,K の場合と $-K$ の場合の第1項の縮重度を足し算して $2(2J+1)$ となる.また,量子数 K に関する選択則は $\Delta M = 0$ と同様に $\Delta K = 0$ である(§2・3参照).そうすると,たとえば,偏平対称こま分子の $(J, K) \to (J+1, K)$

の遷移による吸収線のエネルギーは,

$$\Delta E_{回転} = B(J+1)(J+2) + (C-B)K^2 - \{BJ(J+1)+(C-B)K^2\}$$
$$= 2B(J+1) \qquad (11\cdot35)$$

となり，二原子分子と同じになる〔(2・27)式参照〕．偏長対称こま分子についても同様である．

11・5 非対称こま分子の回転スペクトル

球こま分子でも対称こま分子でもない分子（$I_a \neq I_b \neq I_c$）を非対称こま（英語では asymmetric-top rotor）分子という．H_2O 分子のような平面分子も非対称こま分子である．非対称こま分子はすべての主慣性モーメントが異なるから，対称こま分子のようには波動方程式を解けない．詳しいことは省略するが*，偏平対称こま分子に近い非対称こま分子（$I_a \approx I_b < I_c$）のエネルギー固有値は，

$$E_{回転} \approx BJ(J+1) + (C-B)K_o^2 \qquad (11\cdot36)$$

となる．量子数を K_o と書いた理由は，近似を用いないと波動方程式を解けないので，量子数 K_o が対称こま分子の量子数 K とは異なるからである．添え字の o は oblate を表す．同様にして，偏長対称こま分子に近い非対称こま分子（$I_a < I_b \approx I_c$）のエネルギー固有値は，

$$E_{回転} \approx BJ(J+1) + (A-B)K_p^2 \qquad (11\cdot37)$$

と表される．添え字の p は prolate を表す．(11・36)式と(11・37)式はあくまでも近似的に成り立つ式である．非対称こま分子の回転運動のエネルギー固有値は，J のほかに K_o と K_p の両方の量子数で表す必要がある．

非対称こま分子の例として，H_2O 分子の 2 個の H 原子を Cl 原子で置き換えた OCl_2 分子の模式的な回転スペクトルの一部を図 11・6 に示す．OCl_2 分子の慣性モーメントは H 原子を含む分子と比べてとても大きいので，回転定数はとても小さい．その結果，回転エネルギー準位の間隔も狭くなり，遷移によって吸収される電磁波は遠赤外線ではなくてマイクロ波になる（波数では約 $1\,\mathrm{cm}^{-1}$，周波数では約 $3\times10^{10}\,\mathrm{Hz}$）．図 11・6 では $O^{35}Cl_2$ 分子と同位体種の $O^{37}Cl_2$ 分子のさまざまな回転遷移に伴う吸収線が複雑に現れている．なお，H_2O 分子や OCl_2 分子のように，永久電気双極子モーメントが b 軸（分子軸）方向にある

---

* 非対称こま分子の回転運動の理論はかなりむずかしく，この教科書のレベルを超えているので内容を省略する．詳しくは，林 通郎著，"構造化学 II（朝倉化学講座）"，朝倉書店（1972）参照．

と,量子数 J の選択則に関しては $\Delta J = 0, \pm 1$,量子数 K_p と K_o の選択則に関しては (K_p, K_o) が(偶数,偶数)⇔(奇数,奇数)あるいは(奇数,偶数)⇔(偶数,奇数)が許容遷移になる.

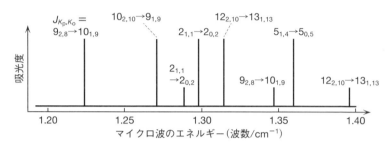

図 11・6 **OCl_2 分子の模式的な回転スペクトルの一部** ($O^{37}Cl_2$ 分子の強度を $O^{35}Cl_2$ 分子の 1/3 で描いた.実際の吸収線の強度とは異なる)

章末問題

11・1 NH_3 分子の 2 個の H 原子間の距離 r_{HH} を図 11・1 の r_{NH} と θ で表せ.

11・2 NH_3 分子の x' 軸から xz 平面内にある H 原子までの距離の 2 乗を図 11・1 の r_{NH} と θ と z_G で表せ.また,y' 軸からはどのようになるか.ピタゴラスの定理を利用する.

11・3 前問で,xz 平面内にない H 原子についてはどうなるか.正三角形の重心の位置は底辺から高さの 1/3 であることを利用する.

11・4 問題 11・2 と問題 11・3 の解答から,$I_{x'}$ と $I_{y'}$ が等しいことを確認せよ.

11・5 (11・2)式を(11・3)式に代入して(11・4)式を求めよ.

11・6 次の分子のなかから偏平対称こま分子と偏長対称こま分子を選べ.
(a) BH_3 (b) BH_2D (c) BF_3 (d) CHF_3 (e) CH_2F_2
(f) CH_3F (g) CF_4

11・7 CH_4 分子の一つの CH 結合を座標軸にとり,その軸まわりの慣性モーメントを計算して,(11・9)式と同じになることを確認せよ.

11・8 CH_4 分子の回転定数を 5.3117 cm^{-1} とする.結合距離 r_{CH} を求めよ.1 個の H 原子の質量を 1.673×10^{-27} kg,光速度 c を 2.998×10^{10} cm s^{-1},プランク定数 h を 6.626×10^{-34} J s とする.

11・9 外積の定義に従って,(11・13)式を求めよ.

11・10 ベクトル $(1, 2, 3)$ からできる 3 行 3 列のテンソルを求めよ.

12
直線分子の振動スペクトル

> n 個の原子からなる分子の振動運動の自由度は，直線分子ならば $3n-5$，非直線分子ならば $3n-6$ である．原子の数が 3 個以上になると，核間距離が伸びたり縮んだりする伸縮振動のほかに，結合角が大きくなったり小さくなったりする変角振動を考える必要がある．直線分子では分子軸に垂直な方向の二つの変角振動が縮重している．

12・1 直線三原子分子の伸縮振動

二原子分子の振動運動については 4 章で説明した．最も簡単な近似では，結合に関与する電子がばねのはたらきをすると考えた．核間距離が平衡核間距離よりも長くなれば縮む方向に力がはたらき，短くなれば伸びる方向に力がはたらく．まずは，多原子分子の例として直線三原子分子 ABC を考える．この場合には，原子核 A と原子核 B の結合と，原子核 B と原子核 C の結合にばねがあると考えればよい（図 12・1）．つまり，核間距離 r_{AB} と r_{BC} が伸びたり縮んだりする．これを伸縮振動という．二つのばねは完全に独立に振動運動するかというと，それは無理である．一方のばねだけが振動すると，分子の質量中心が移動してしまう．つまり，並進運動を含んでしまう．

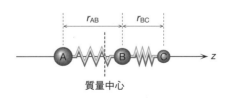

図 12・1 直線三原子分子の振動運動

質量中心が原子核 A と原子核 B の間にあるとしよう．もしも，原子核 A が左に移動すると，質量中心が左に移動してしまうので，質量中心が移動しないよ

うに，原子核Cが右に移動する．原子核Aが右に移動したら，原子核Cは左に移動する．つまり，r_{AB}が伸びればr_{BC}も伸び，r_{AB}が縮めばr_{BC}も縮む．このような伸縮振動を対称伸縮振動という〔図12・2(a)〕．

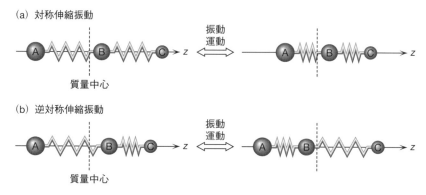

図 12・2　対称伸縮振動と逆対称伸縮振動

原子核Aが左に移動したときに，原子核Cの代わりに原子核Bが右に移動しても，質量中心の位置は変わらない．この場合には，r_{AB}が伸びればr_{BC}は縮み，r_{AB}が縮めばr_{BC}は伸びる．このような伸縮振動を逆対称伸縮振動という〔図12・2(b)〕．結局，直線三原子分子では，分子軸方向のどのような振動運動も対称伸縮振動と逆対称伸縮振動の線形結合で表される*．

12・2　直線三原子分子の変角振動

ばねの役割を果たすのはAB結合とBC結合に関与する電子だけだから，振動運動としては対称伸縮振動と逆対称伸縮振動の二つだけを考えればよいような気がする．しかし，実はほかにも振動運動がある．§1・3では空間固定座標系を使って，二原子分子の運動を説明した．3次元空間での運動の自由度（独立な運動の種類の数）は$3 \times 2 = 6$であり，振動運動の自由度は1である．

$$\text{自由度（振動）} = 3 \times 2 (\text{運動}) - 3 (\text{並進}) - 2 (\text{回転}) = 1 \quad (12 \cdot 1)$$

直線三原子分子の3次元空間での運動の自由度はどうなるかというと，原子の

---

* 分子内座標（結合距離や結合角）の変位で表す振動運動を分子内振動（伸縮振動や変角振動）という．また，対称性を考えて，分子内振動の組合わせで表される振動運動を対称振動（対称伸縮振動や逆対称伸縮振動など）という．さらに，直交性も考えて，分子内振動あるいは対称振動の組合わせで得られる独立な振動運動を基準振動という（§14・5参照）．基準振動は互いに直交する（単位ベクトルのようなもの）．

数が3だから,合計で $3×3=9$ である.分子全体の並進運動は二原子分子と同じ3種類である.回転運動の自由度は二原子分子でも三原子分子でも,直線分子ならば2である.そうすると,残りの振動運動の自由度は,

$$自由度(振動) = 3×3(運動) - 3(並進) - 2(回転) = 4 \quad (12·2)$$

となる.一般に,n 個の原子からなる直線分子の振動運動の自由度は,

$$自由度(振動) = 3×n(運動) - 3(並進) - 2(回転) = 3n-5 \quad (12·3)$$

と表される.

直線三原子分子の振動運動の自由度は4である.そのうちの二つは対称伸縮振動と逆対称伸縮振動である.残りの二つの振動運動が何かというと,質量中心の位置を変えずに,結合角が大きくなったり小さくなったりする振動運動である(図12·3).両端の原子核間の距離が変化するので,これも振動運動であり,結合角が変化するので変角振動という.結合角が180°(直線)ではポテンシャルエネルギーが最も低くて最も安定である.そして,結合角が180°よりも大きくなったり小さくなったりすると,ポテンシャルエネルギーが高くなるので復元力がはたらき,直線になろうとする.したがって,周期的な振動運動となる.ただし,変角振動の復元力は伸縮振動ほど大きくない.伸縮振動のように結合している核間距離を変化させるよりも,遠く離れた両端の原子核間の距離を変化させる変角振動のほうが容易だからである(変角振動では原子核のまわりの電子の存在確率はあまり変わらないという意味).

図 12·3　直線三原子分子の変角振動

変角振動は直交した xz 平面内と yz 平面内の両方で考えることができる.つまり,変角振動の自由度は2である.二つの変角振動は方向が異なるだけで,結合角の変化に伴うポテンシャルエネルギーの変化は全く同じなので,エネルギー固有値も同じである.このような変角振動を縮重した変角振動という.分子軸に対してどのような方向への変角振動であっても,これらの二つの変角振動の線形結合で表すことができる.

12・3 対称な直線三原子分子の振動運動

対称な直線三原子分子である CO_2 分子の振動運動を調べてみよう. 前節で説明したように, 振動運動の自由度は4であり, 対称伸縮振動, 逆対称伸縮振動, 縮重した変角振動*である (図 12・4). 振動の種類は3種類であるが, 振動運動の自由度は縮重した変角振動が2なので合計4となる.

(a) 対称伸縮振動

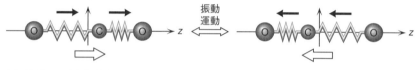

(b) 逆対称伸縮振動

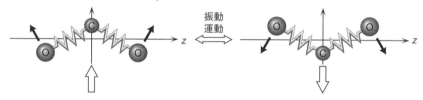

(c) 縮重した変角振動 (xz 平面と yz 平面)

図 12・4 CO_2 分子の振動運動と結合モーメントの変化 (→) と誘起電気双極子モーメント (⇨)

二原子分子では, 結合に関与する電子の偏りに起因する電気双極子モーメントを考えた (§2・3参照). 三原子分子では2種類の結合があり, それぞれの結合が二原子分子の結合であると考えれば, それぞれの結合に電子の偏りがある. これを結合モーメントと名づけ, 分子全体の電気双極子モーメントとは区別する. 分子全体の電気双極子モーメント (⇨) は結合モーメント (→) のベクトル和となる. ただし, 図 12・4 では, 振動運動したときと結合モーメントから平衡構造での結合モーメントを引き算したベクトル (変化量) を表す. つまり, 核間距離が長くなったときには結合モーメントは大きくなるのでC原子

---

* 変角振動は分子内振動であるが, 結合角が一つなので対称振動でもある. この章では三つの対称振動 (対称伸縮振動, 逆対称伸縮振動, 変角振動) で説明する.

の方向を向き，短くなったときには小さくなるので，結合モーメントの変化は O 原子の方向を向く*．また，結合角が小さくなったときの結合モーメントから，直線のときの結合モーメントを引き算すると，結合モーメントの変化は CO 結合軸に対してほぼ垂直の方向を向く（章末問題 13・1 参照）．

　対称伸縮振動では C 原子の位置は動かないから，左右の結合モーメントの変化は大きさが同じで，向きが逆であり，振動運動しても分子全体の電気双極子モーメントは誘起されずに常に 0 である〔図 12・4(a)〕．したがって，対称伸縮振動によって赤外線を吸収することはない（赤外不活性）．しかし，§3・2 で説明したように，電磁波の電場によって分子分極は誘起されるので，対称伸縮振動に伴うラマン散乱スペクトルは観測できる（ラマン活性）．なぜならば，対称伸縮振動では，両方の CO 結合の距離が伸びたときと縮んだときで分子全体の長さが異なり，分子の分極率の大きさが変化するからである（図 7・1 参照）．振動運動の周期で分子の分極率が変化するのでラマン散乱が起きる．

　今度は逆対称伸縮振動を考える．左の CO 結合の距離が伸び，右の CO 結合が縮むので，結合モーメントの変化の方向は同じになる〔図 12・4(b)〕．結合モーメントの変化のベクトル和は 0 ベクトルではない．つまり，分子軸方向に電気双極子モーメントが誘起される．これを誘起電気双極子モーメント $\mu_{誘起}$ という（誘起双極子モーメントともいう）．平衡構造では CO_2 分子は永久電気双極子モーメントがないが，逆対称伸縮振動すると電気双極子モーメントが誘起されて赤外線を吸収する（赤外活性）．しかし，逆対称伸縮振動しても分子全体の長さは変わらない．図 12・4(b) の左側の振動状態を質量中心に対して反転させる〔座標 (x, y, z) にある原子を座標 $(-x, -y, -z)$ に移動させる〕と，右側の振動状態と全く同じになる．分子の分極率はテンソル（x^2, xy, … など）であり（§3・3 参照），振動した分子の形が反転させたときに変わらなければ，分極率の符号も大きさも変化しない〔たとえば，$(-x)^2 = x^2$〕．このような周期的な振動運動ではラマン散乱は起きない（ラマン不活性）．

　変角振動では，二つの結合モーメントの変化はともに結合に垂直な方向を向き，それらのベクトル和は **0** ベクトルではない〔図 12・4(c)〕．つまり，分子軸に対して垂直方向に電気双極子モーメントが誘起される．したがって，逆対

　＊　結合モーメントは電気双極子モーメントと同様に，電荷の偏りを $+q$ と $-q$，それらの距離を r とすると，大きさが qr で，方向が $-q$ から $+q$ に向くベクトルとして定義される．r が大きくなれば，結合モーメントも大きくなる（§2・3 参照）．

称伸縮振動と同様に赤外活性である．しかし，図 12・4(c) の左側の振動状態を質量中心に対して反転させると，右側の振動状態になる．CO_2 分子の変角振動は分極率が変化しないのでラマン不活性である．CO_2 分子のように質量中心に対称心がある分子では，赤外活性な振動運動はラマン不活性であり，赤外不活性な振動運動はラマン活性である．これを交互禁制律という．

　CO_2 分子の振動運動と振動数（単位は波数 cm^{-1}）を表 12・1 にまとめる．同じ伸縮振動でも，対称伸縮振動のほうが逆対称伸縮振動よりも約 $1000\ cm^{-1}$ もエネルギーが低い．対称伸縮振動では両端の O 原子が運動するだけで，真ん中の C 原子は運動しないからである．また，一般に，変角振動のエネルギーのほうが伸縮振動のエネルギーよりも低い．ばねが結合方向に伸び縮みするよりも，二つのばねの角度が変わるほうが容易であるとイメージすればよい．

表 12・1　CO_2 分子の振動運動と振動数

振動の種類	自由度	赤外吸収	振動数/cm^{-1}	ラマン散乱	振動数/cm^{-1}
対称伸縮振動	1	不活性	—	活性	1333
逆対称伸縮振動	1	活性	2349	不活性	—
変角振動（縮重）	2	活性	667	不活性	—

12・4　CO_2 分子の赤外吸収スペクトル

　赤外吸収による CO_2 分子の振動スペクトル（赤外吸収スペクトル）を図 12・5 に示す．縦軸は吸光度，横軸は赤外線のエネルギー（波数）である．667 cm^{-1} 付近の赤外線と 2349 cm^{-1} 付近の赤外線が吸収される．前者が縮重した変角振動による吸収であり，後者が逆対称伸縮振動による吸収である．縮重し

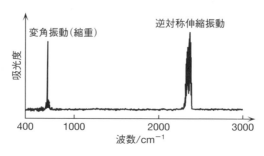

図 12・5　CO_2 分子の赤外吸収スペクトル

12・4 CO_2 分子の赤外吸収スペクトル

た変角振動の自由度は 2 であるが，エネルギー固有値が同じなので，同じエネルギーの赤外線を吸収する．対称伸縮振動は赤外不活性なので現れない．

6章で説明したように振動運動には回転運動が伴うので，図 12・5 で示した CO_2 分子の赤外吸収スペクトルは振動回転スペクトルである．§6・5 で示した二原子分子の HF 分子の振動回転スペクトルはたくさんの吸収線からできていて，二つのグループを P 枝と R 枝とよんだ．それに比べて，図 12・5 の CO_2 分子の赤外吸収スペクトルは吸収線が重なっていて幅があるようにみえる．このような幅のある赤外線の吸収を吸収線ではなく吸収バンドという．HF 分子に比べて CO_2 分子の慣性モーメントが大きく，回転定数が小さいからである．回転定数が小さいということは，振動回転スペクトルの吸収線と吸収線の間隔が狭いということである．

分解能の高い装置で測定した赤外吸収バンドを図 12・6 に示す．逆対称伸縮振動の吸収バンドと変角振動の吸収バンドの形が異なる原因は，分子軸に対する誘起電気双極子モーメントの向きの違いにある．逆対称伸縮振動では分子軸方向に電気双極子モーメントが誘起される〔図 12・4(b)〕．一方，変角振動では分子軸に垂直な方向に電気双極子モーメントが誘起される〔図 12・4(c)〕．前者による振動回転線の集合を平行バンド，後者による振動回転線の集合を垂直バンドという．伸縮振動では原子核は分子軸方向に運動するだけだから，回転運動は関係しない．一方，変角振動では原子核が分子軸から離れ，原子核の位置の分子軸に対する角度が変わるので，回転運動と相互作用する（図 12・7）．したがって，以下に説明するように，回転運動の選択則にも影響がある．遷移双極子モーメントの積分で，$d\theta$ の積分に関する項，つまり，$\xi = \cos\theta$ だから，

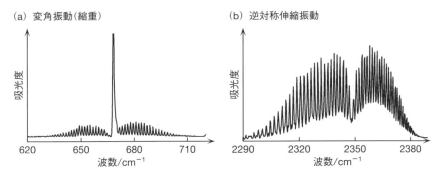

図 12・6 CO_2 分子の赤外吸収スペクトル（高分解能）

変角振動が $d\xi$ に関する積分に影響を及ぼすという意味である（§2・3参照）.

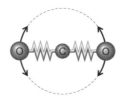

図 12・7 CO_2 分子の変角振動と回転運動の関係

変角振動による誘起電気双極子モーメント $\mu_{誘起}$ の回転運動に対する寄与を μ_0 とすると*，回転運動に関する遷移双極子モーメント〔(2・25)式〕は，

$$\text{遷移双極子モーメント} = \int_{-1}^{+1} P_{J'}^{|M'|}(\xi)(\mu_0+\mu\xi)P_{J''}^{|M''|}(\xi)\,d\xi \quad (12・4)$$

となる. 変角振動による誘起電気双極子モーメント μ_0 は空間固定座標系で定義されるから，分子固定座標系から空間固定座標系への変換を表す ξ の掛け算を考える必要はない. つまり，(12・4)式の積分で μ_0 を定数として扱うことができる. そうすると，(12・4)式は次のようになる.

$$\text{遷移双極子モーメント} = \mu_0\int_{-1}^{+1} P_{J'}^{|M'|}(\xi)P_{J''}^{|M''|}(\xi)\,d\xi + \mu\int_{-1}^{+1} P_{J'}^{|M'|}(\xi)\xi P_{J''}^{|M''|}(\xi)\,d\xi \quad (12・5)$$

ルジャンドル陪多項式の直交性を表す(2・26)式を考えれば，(12・5)式の第1項は $J'=J''$ ($\Delta J=0$) が許容遷移であり，Q枝を表す. また，第2項は6章で説明したように，$J'=J''-1$ または $J'=J''+1$ ($\Delta J=\pm 1$) が許容遷移である. 前者がP枝を，後者がR枝を表す. CO_2 分子の変角振動による赤外吸収バンド（垂直バンド）では，P枝，R枝だけではなく，Q枝も吸収線として現れる. なお，すべてのQ枝はほとんど同じエネルギーの赤外線を吸収し，図12・6(a)の真ん中の強い吸収線がQ枝，左側がP枝，右側がR枝である.

12・5 CO_2 分子のラマン散乱スペクトル

ラマン散乱による CO_2 分子の振動スペクトル（ラマン散乱スペクトル）を図

---

* 直線分子の変角振動の選択則に関するここでの説明は，2次元空間の古典力学でのイメージである. 3次元空間の波動関数を使った厳密な説明については，近藤 保編，小谷正博，幸田清一郎，染田清彦著，"大学院講義物理化学"，東京化学同人（1997）を参照.

12・5 CO₂分子のラマン散乱スペクトル

12・8に示す．分解能が高くないので振動回転スペクトルではなく，振動スペクトルとして説明する．ただし，回転遷移のためにラマン散乱光のエネルギーには幅がある（ラマン散乱バンドとよぶ）．縦軸に散乱強度，横軸にストークス線のラマンシフト（照射光とラマン散乱光とのエネルギー差）をとる．ラマンシフトは赤外吸収スペクトルと同じように分子の振動エネルギーを表す．§12・3で説明したように，CO_2分子のラマン活性の振動運動は対称伸縮振動のみである．このラマン散乱バンドのみが1333 cm^{-1}付近に現れるはずである．しかし，図12・8では1285 cm^{-1}付近と1388 cm^{-1}付近に，二つのラマン散乱バンドが観測される．その原因は以下に説明するフェルミ共鳴である．

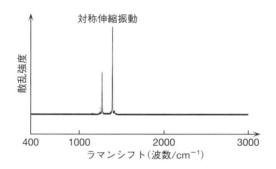

図 12・8　CO₂分子のラマン散乱スペクトル

CO_2分子の変角振動は赤外活性であり，667 cm^{-1}付近に赤外吸収バンドが観測される（図12・5）．しかし，ラマン不活性なので，ラマン散乱バンドは667 cm^{-1}付近に観測されない．一方，変角振動の倍音（$v=0 \rightarrow 2$)* は調和振動子近似では禁制遷移であるが，非調和性のために許容遷移となる〔選択則を表す(4・24)式と(7・3)式で高次項が追加される〕．したがって，変角振動の倍音のラマン散乱バンドは1334 cm^{-1}（$= 2 \times 667$ cm^{-1}）付近に現れる可能性がある．また，ラマン活性の対称伸縮振動によるラマン散乱バンドは1333 cm^{-1}に現れるはずである（表12・1参照）．このように二つの振動運動のエネルギー固有値が近くなると，波動関数が混ざりあい，相互作用によってエネルギー固有値も散乱強度も大きな影響を受ける．これをフェルミ共鳴という．

---

* 多原子分子では2種類の振動の量子数が変化する遷移もある．$(v_1, v_2) = (0, 0) \rightarrow (1, 1)$ や $(0, 1) \rightarrow (1, 0)$ などの遷移によるものを結合音という．

12. 直線分子の振動スペクトル

対称伸縮振動のエネルギー固有値を E_1, 変角振動の倍音のエネルギー固有値を E_2 とする．二つの振動状態（波動関数）が混ざりあった状態のエネルギー固有値 E を求めるためには，次の永年方程式を解けばよい．

$$\begin{vmatrix} E_1-E & b \\ b & E_2-E \end{vmatrix} = 0 \quad (12\cdot 6)$$

非対角項の b（定数）が二つの振動状態の混ざり具合（摂動）を表す（$b=0$ ならば，$E=E_1$ または E_2 になって混ざらない状態）．方程式(12・6)は，

$$(E_1-E)(E_2-E)-b^2 = 0 \quad (12\cdot 7)$$

だから，

$$E^2-(E_1+E_2)E+E_1E_2-b^2 = 0 \quad (12\cdot 8)$$

となる．二次方程式の根の公式を使えば，

$$\begin{aligned}
E &= \frac{1}{2}[(E_1+E_2) \pm \{(E_1+E_2)^2-4E_1E_2+4b^2\}^{\frac{1}{2}}] \\
&= \frac{1}{2}[(E_1+E_2) \pm \{(E_1-E_2)^2+4b^2\}^{\frac{1}{2}}] \\
&= \frac{1}{2}\left[(E_1+E_2) \pm (E_1-E_2)\left\{1+\frac{4b^2}{(E_1-E_2)^2}\right\}^{\frac{1}{2}}\right] \quad (12\cdot 9)
\end{aligned}$$

となる．平方根をマクローリン展開（§1・4脚注参照）して，第2項までで近似すると，

$$\begin{aligned}
E &= \frac{1}{2}\left[(E_1+E_2) \pm (E_1-E_2)\left\{1+\frac{2b^2}{(E_1-E_2)^2}\right\}\right] \\
&= \frac{1}{2}\left[(E_1+E_2) \pm \left\{(E_1-E_2)+\frac{2b^2}{E_1-E_2}\right\}\right] \\
&= E_1+\frac{b^2}{E_1-E_2} \quad \text{または} \quad E_2-\frac{b^2}{E_1-E_2} \quad (12\cdot 10)
\end{aligned}$$

となる．二つの振動運動のエネルギー固有値 E_1 と E_2 の差が小さければ，それぞれのエネルギー固有値は(12・10)式の第2項の影響を強く受ける（分母が小さくなる）．また，第2項の符号は異なるから，二つの振動運動のエネルギー固有値の差は大きくなる．結局，フェルミ共鳴によって，1333 cm^{-1} 付近に現れるはずの CO_2 分子の対称伸縮振動と変角振動の倍音による二つのラマン散乱バンドが，約50 cm^{-1} 低い 1285 cm^{-1} 付近と約50 cm^{-1} 高い 1388 cm^{-1} 付近に現れると考えられる．

章末問題

対称な直線四原子分子 ABBA について，以下の問いに答えよ．

12・1 運動の自由度，並進の自由度，回転の自由度，振動の自由度を求めよ．

12・2 伸縮振動を対称振動で考えると何種類あるか．どのような対称振動か．分子内座標の変位を使って，たとえば，直線三原子分子 ABC の対称伸縮振動を $\Delta r_{AB} + \Delta r_{BC}$，逆対称伸縮振動を $\Delta r_{AB} - \Delta r_{BC}$ のように表す．

12・3 変角振動を対称振動で考えると何種類あるか．どのような対称振動か．たとえば，直線三原子分子 ABC の変角振動を $\Delta \theta_{ABC}$ のように表す．

12・4 問題 12・2 および 12・3 の対称振動は赤外活性かラマン活性か．

12・5 前問で，何種類の赤外吸収バンドが観測されるか．また，何種類のラマン散乱バンドが観測されるか．

次の CS_2 分子（二硫化炭素）の赤外吸収スペクトルとラマン散乱スペクトルをみて，以下の問いに答えよ．

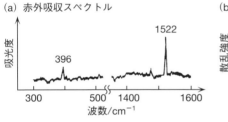
(a) 赤外吸収スペクトル

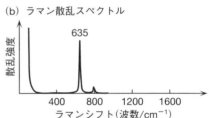
(b) ラマン散乱スペクトル

12・6 表 12・1 を参考にして，1522 cm^{-1} と 396 cm^{-1} の赤外吸収バンドがどのような対称振動によるものかを答えよ．

12・7 表 12・1 を参考にして，635 cm^{-1} のラマン散乱バンドがどのような対称振動によるものか答えよ．

12・8 800 cm^{-1} 付近の弱いラマン散乱バンドはどのような振動運動か．

12・9 CO_2 分子ではフェルミ共鳴によって二つのラマン散乱バンドが観測された．CS_2 分子ではどうして観測されないのか．

12・10 CS_2 分子の対称振動のエネルギー固有値は CO_2 分子のエネルギー固有値よりも小さい．その理由を説明せよ．

13
平面分子の振動スペクトル

> 同じ三原子分子でも H_2O 分子のような平面分子になると，直線分子とは異なる振動運動をする．振動運動の自由度は3であり，対称伸縮振動，逆対称伸縮振動と変角振動である．それぞれの振動運動が赤外活性かラマン活性かを知るためには，点群の指標表が役に立つ．ここでは対称要素，対称操作，振動運動の対称性について説明する．

13·1　H_2O 分子の振動運動

　平面分子の振動運動の自由度は直線分子とは異なる．なぜならば，§10·3で説明したように，非直線分子の回転運動の自由度が3だからである．そうすると，n 個の原子からなる非直線分子の振動運動の自由度は次のようになる．

$$\text{自由度（振動）} = 3\times n\text{（運動）}-3\text{（並進）}-3\text{（回転）} = 3n-6 \quad (13\cdot1)$$

H_2O 分子は非直線分子で，3個の原子から構成されているから，

$$\text{自由度（振動）} = 3\times 3\text{（運動）}-3\text{（並進）}-3\text{（回転）} = 3 \quad (13\cdot2)$$

となる．同じ三原子分子でも，平面の H_2O 分子の振動の自由度は直線の CO_2 分子〔対称伸縮振動，逆対称伸縮振動，変角振動（縮重）〕よりも一つ少ない．どこが違うのかというと変角振動である．H_2O 分子では，すべての原子が存在する分子面を定義でき，変角振動は分子面内にしかない（縮重しない）．振動運動の自由度の一つが減って，代わりに分子面（分子全体）の回転運動が一つ増えたと考えればよい．CO_2 分子の対称振動を参考にして H_2O 分子の対称振動を描けば図 13·1 のようになる．分子軸（結合角 θ_{HOH} の二等分線）を z 軸として縦軸にし，分子面を xz 平面とした．また，質量中心を原点においた．

　振動運動によって核間距離が平衡核間距離よりも長くなると，結合モーメントの大きさは大きくなり，結合モーメントの変化のベクトル（⟶）は電気陰性度の大きい O 原子から小さい H 原子の方向を向く（ベクトルの引き算）．逆

に，核間距離が平衡核間距離よりも短くなれば，結合モーメントの変化はO原子の方向を向く．CO_2分子と異なりH_2O分子には対称心がないので，結合モーメントの変化のベクトル和で表される誘起電気双極子モーメント（⇨）は，どのような対称振動にもある．つまり，すべての対称振動が赤外活性である．また，どのような対称振動でも，左側の振動状態を質量中心に対して反転させても右側の振動状態にならない．したがって，すべての対称振動がラマン活性である（§13・5では赤外活性，ラマン活性を群論で議論する）．

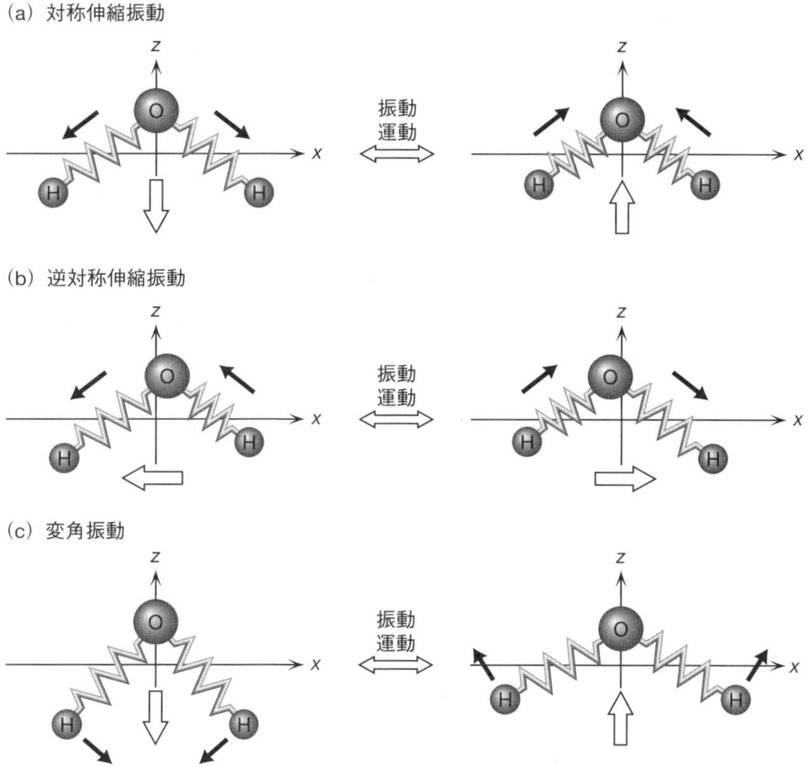

(a) 対称伸縮振動

(b) 逆対称伸縮振動

(c) 変角振動

図 13・1　H_2O分子の振動運動と結合モーメントの変化（→）と誘起電気双極子モーメント（⇨）

13・2　H_2O分子の赤外吸収スペクトル

測定したH_2O分子の赤外吸収スペクトル（振動回転スペクトル）を図13・2

に示す.横軸は赤外線のエネルギー(波数),縦軸は吸光度である.CO_2分子の赤外吸収スペクトル(図12・5)と比べると,それぞれの吸収バンドの幅(吸収される赤外線の領域)がかなり広がっている.その理由は慣性モーメントの違いにある.CO_2分子では質量の大きいO原子が質量中心から離れているので慣性モーメントが大きい.一方,H_2O分子では質量の小さいH原子が質量中心から離れているので慣性モーメントは小さい.その結果,回転定数が大きくなり,吸収線と吸収線の間隔が広がり,吸収バンドの幅が広がる.

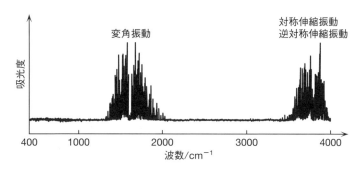

図 13・2 H_2O 分子の赤外吸収スペクトル

図13・2の1600 cm^{-1}付近の赤外吸収バンドが変角振動によるものである.振動エネルギーの固有値は質量の逆数の平方根に比例するので(§4・4参照),CO_2分子の変角振動(667 cm^{-1})よりもH_2O分子の変角振動(約1600 cm^{-1})のほうが高くなる.また,CO_2分子では1種類の回転定数を考えればよかったので,吸収バンドを構成する振動回転スペクトルは規則的であったが(図12・6),H_2O分子では3種類の回転定数が関与するので(§11・5参照),赤外吸収バンドは複雑になる.

図13・2の3700 cm^{-1}付近の赤外吸収バンドが対称伸縮振動と逆対称伸縮振動によるものである.二つの吸収バンドの吸収線が重なっているので,変角振動よりもさらに複雑になる.変角振動と同様に,H_2O分子の伸縮振動のほうがCO_2分子の伸縮振動よりも高い.また,CO_2分子の対称伸縮振動では両端のO原子が運動し,逆対称伸縮振動では中心のC原子も運動するので,振動数はかなり異なる(1333 cm^{-1}と2349 cm^{-1}).一方,H_2O分子の質量中心はO原子のそばにあり,質量の小さい2個のH原子が振動運動しても,O原子の位置は質量中心のそばから動かない.つまり,対称伸縮振動でも逆対称伸縮振動でもエ

13・3 H₂O分子の対称要素と対称操作

ネルギー固有値はあまり変わらない（$3657\ \mathrm{cm}^{-1}$ と $3756\ \mathrm{cm}^{-1}$）．H_2O 分子の振動運動と振動数（単位は波数 cm^{-1}）を表 13・1 にまとめた．すべての対称振動が赤外活性かつラマン活性なので，赤外吸収の結果のみを示す．

表 13・1 H_2O 分子の振動運動と振動数

振動の種類	自由度	赤外吸収 ラマン散乱	振動数 /cm⁻¹
対称伸縮振動	1	活性	3657
逆対称伸縮振動	1	活性	3756
変角振動	1	活性	1595

13・3 H₂O分子の対称要素と対称操作

分子分光学では対称性が重要な役割を果たす．対称性を数学的に扱った理論が点群（群論の一つ）である．まず，H_2O 分子の振動運動していない平衡構造の対称性を考える．すでにⅠ巻§17・4で説明したように，H_2O 分子の幾何学的構造は二等辺三角形である．H_2O 分子の対称要素を考えてみよう．対称要素というのは，対称操作を行ったときに，もとの形と同じになる要素のことである．たとえば，H_2O 分子を分子軸（z 軸）のまわりに 180°回転すると，O 原子は動かず，左の H 原子は右の H 原子の位置に移動し，右の H 原子は左の H 原子の位置に移動し，もとの形と変わらない〔図 13・3(a)〕．もちろん，360°回転しても同じ形になる．180°と360°の二つの回転角度で同じ形になるので，この対称要素を2回転軸といい，記号では C_2 と書く（図では ⤴ ）．また，回転軸のまわりに回転させる操作のことを回転操作といい，180°回転させることを

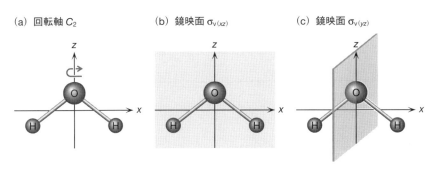

(a) 回転軸 C_2　　(b) 鏡映面 $\sigma_{v(xz)}$　　(c) 鏡映面 $\sigma_{v(yz)}$

図 13・3　H_2O 分子の対称要素

$\hat{C}_2$(または$\hat{C}_2^1$)と書き，360°回転させることを$\hat{C}_2^2$と書く．$\hat{C}_2$を2回操作したと考えればよい（$\hat{C}_2^2 = \hat{C}_2\hat{C}_2$）．回転操作などの対称操作は演算子なので斜体で書き，記号の上に^をつけた（I巻§3・5参照）．対称操作と対称要素は似たような記号を使うので混乱しやすいが，全く異なる概念である．

H_2O分子にはほかの対称要素と対称操作もある．一つはxz平面を鏡映面とする鏡映操作である（I巻§12・5参照）．鏡映面というのは鏡に映したように，面の上下，左右，あるいは前後に同じ原子がある面のことである．記号でσと書く．ドイツ語で鏡をspiegelというので，頭文字のギリシャ語のσを使う．H_2O分子の場合には分子面であるxz平面が鏡映面である．すべての原子がxz平面内にあるので，鏡映操作$\hat{\sigma}$を行っても位置は変わらない〔図13・3(b)〕．つまり，形はもとのままである．この鏡映面を$\sigma_{(xz)}$と書く．H_2O分子にはもう一つの鏡映面がある．分子軸を含み，分子面に垂直なyz平面である．鏡映面$\sigma_{(yz)}$に対して鏡映操作を行うと，O原子は鏡映面$\sigma_{(yz)}$内にあるので動かない〔図13・3(c)〕．また，左側のH原子は右側のH原子の位置に動き，右側のH原子は左側のH原子の位置に動き，もとの形と区別できない．したがって，鏡映面$\sigma_{(yz)}$はH_2O分子の対称要素である．なお，分子軸を縦に描いたときに，分子軸を含む鏡映面をσ_v，分子軸に対して水平方向の鏡映面をσ_hという．vとhはverticalとhorizontalの頭文字であり，"垂直"と"水平"という意味である．H_2O分子には鏡映面σ_hはないが，2種類の鏡映面σ_vがある．区別するためにσ_vとσ_v'と書くこともある．どちらにダッシュ'をつけてもよい．

H_2O分子にはもう一つの対称操作がある．この操作に対応する対称要素は図に描けない．何もしないという対称操作である．これを恒等操作といい，記号では$\hat{E}$と書く．ドイツ語のeinheit（単位）の頭文字である．何もしないのに操作なのかと思うかもしれないが，足し算の0，あるいは掛け算の1のようなものである．ある数字に0を足しても数字は変わらないし，1を掛け算しても数字は変わらない．$\hat{E}$は$\hat{C}_2^2$のことでもある（$\hat{\sigma}_{v(xz)}^2$や$\hat{\sigma}_{v(yz)}^2$も同じ）．結局，H_2O分子の対称操作には$\hat{E}$，$\hat{C}_2$，$\hat{\sigma}_{v(xz)}$，$\hat{\sigma}_{v(yz)}$の四つがあり，これらは点群をつくる．点群については以下に説明する．

13・4 点群の性質

数学では群論という学問分野がある．対称操作に関する群は点群とよばれ，次のような性質がある．

13・4 点群の性質

① 点群はいくつかの対称操作で構成される集合である．
② ある点群の対称操作を2回行うと，同じ点群の対称操作となる．
③ 対称操作には結合則が成り立つ〔$\hat{A}(\hat{B}\hat{C}) = (\hat{A}\hat{B})\hat{C}$〕．
④ 恒等操作が必ずある．つまり，$\hat{E}\hat{A} = \hat{A}\hat{E} = \hat{A}$ となる $\hat{E}$ がある．
⑤ 逆対称操作が必ずある．つまり，$\hat{A}\hat{A}^{-1} = \hat{A}^{-1}\hat{A} = \hat{E}$ となる $\hat{A}^{-1}$ がある．

H_2O 分子の四つの対称操作 $\hat{E}, \hat{C}_2, \hat{\sigma}_{v(xz)}, \hat{\sigma}_{v(yz)}$ は一つの集合をつくり（性質①），この点群を C_{2v} 点群とよぶ．すでに述べたように，$\hat{C}_2$ 操作を2回行うと $\hat{E}$ となり，C_{2v} 点群を構成する一つの対称操作となる．ある対称操作を行ってから，もう1回ある対称操作を行うと，どの対称操作になるかを表13・2にまとめる．表13・2の上段が1回目の対称操作を表し，左列が2回目の操作を表す．そして，それらの交差する位置に2回の対称操作がどの対称操作と同じになるかを示す．たとえば，3行2列目は $\hat{\sigma}_{v(yz)} = \hat{\sigma}_{v(xz)}\hat{C}_2$ であることを表す（二つの対称操作を行うときには右側から演算する）．他の対称操作についても同様である．C_{2v} 点群の四つの対称操作のいずれかを2回行うと，必ず四つの対称操作のうちのどれかになることがこの表からわかる（性質②）．

表 13・2　C_{2v} 点群を構成する対称操作の関係

	$\hat{E}$	$\hat{C}_2$	$\hat{\sigma}_{v(xz)}$	$\hat{\sigma}_{v(yz)}$
$\hat{E}$	$\hat{E}$	$\hat{C}_2$	$\hat{\sigma}_{v(xz)}$	$\hat{\sigma}_{v(yz)}$
$\hat{C}_2$	$\hat{C}_2$	$\hat{E}$	$\hat{\sigma}_{v(yz)}$	$\hat{\sigma}_{v(xz)}$
$\hat{\sigma}_{v(xz)}$	$\hat{\sigma}_{v(xz)}$	$\hat{\sigma}_{v(yz)}$	$\hat{E}$	$\hat{C}_2$
$\hat{\sigma}_{v(yz)}$	$\hat{\sigma}_{v(yz)}$	$\hat{\sigma}_{v(xz)}$	$\hat{C}_2$	$\hat{E}$

表13・2を利用すると，性質③の結合則についても確認できる．たとえば，$\hat{E}(\hat{C}_2\hat{C}_2) = \hat{E}(\hat{E}) = \hat{E}$ であり，$(\hat{E}\hat{C}_2)\hat{C}_2 = \hat{C}_2(\hat{C}_2) = \hat{E}$ だから，結合則が成り立つ．また，表13・2の上段の1回目の対称操作と，2回目の対称操作 $\hat{E}$ の結果が同じになるから，どのような対称操作の前後に恒等操作 $\hat{E}$ を行っても影響を受けない（性質④）．

表13・2の対角項はすべて $\hat{E}$ である．どの対称操作も2回行うと恒等操作になるから（対角項がすべて $\hat{E}$ になるから），自分自身が逆対称操作である（性質⑤）．以上のように，H_2O 分子の四つの対称操作 $\hat{E}, \hat{C}_2, \hat{\sigma}_{v(xz)}, \hat{\sigma}_{v(yz)}$ で構成される集合は点群の性質を満たす．なお，分子が変われば対称要素は異なり，対称操作も異なり，点群の種類も異なる．

13・5 振動運動と指標表

点群には指標表なるものがある．対称操作を行ったときに，向きが変わらない場合には 1，逆向きになる場合には −1 を書いた表である．分子分光学ではこの指標表がとても役に立つ．具体的に C_{2v} 点群の指標表を表 13・3 に示す．表の上段には対称操作を，左列にはマリケンの対称性の記号が書いてある．マリケンの対称性の記号では，回転操作 $\hat{C}_2$ を行ったときに向きが変わらない対称性を A，逆向きになる対称性を B で表す．また，鏡映操作 $\hat{\sigma}_{v(xz)}$ を行ったときに向きが変わらない対称性を下付きの添え字の 1，逆向きになる対称性を 2 と書く．対称性の記号を $\hat{\sigma}_{v(yz)}$ で区別する必要はない．なぜならば，表 13・2 からわかるように $\hat{\sigma}_{v(yz)} = \hat{\sigma}_{v(xz)} \hat{C}_2$ の関係があり，対称操作 $\hat{\sigma}_{v(yz)}$ の結果は対称操作 $\hat{C}_2$ の結果と対称操作 $\hat{\sigma}_{v(xz)}$ の結果で決まるからである．表 13・2 の 2 列目（対称操作 $\hat{C}_2$ の結果）と 3 列目（対称操作 $\hat{\sigma}_{v(xz)}$ の結果）を掛け算すると，4 列目（対称操作 $\hat{\sigma}_{v(yz)}$ の結果）と同じになるという意味である．結局，C_{2v} 点群のマリケンの対称性は 2 種類の対称操作〔$\hat{C}_2$ と $\hat{\sigma}_{v(xz)}$〕と 2 種類の結果（+1 と −1）の組合わせで決まり，4 通り（2×2=4）である．マリケンの対称性の記号は A_1，A_2，B_1，B_2 である．

表 13・3　C_{2v} 点群の指標表

対称性	$\hat{E}$	$\hat{C}_2$	$\hat{\sigma}_{v(xz)}$	$\hat{\sigma}_{v(yz)}$	ベクトル	テンソル
A_1	1	1	1	1	z	x^2, y^2, z^2
A_2	1	1	−1	−1	R_z	xy
B_1	1	−1	1	−1	x, R_y	xz
B_2	1	−1	−1	1	y, R_x	yz

指標表のベクトル欄には，並進運動の向き（x, y, z）と回転運動の向き（R_x, R_y, R_z）がどの対称性になるかを示している．たとえば，並進運動 z ならば，z 軸方向の単位ベクトル $\mathbf{e}_z$ に対称操作を行って考えればよい．$\mathbf{e}_z$ は恒等操作 $\hat{E}$（何も変えない操作）では向きが変わらないから 1 である〔図 13・4(a)〕．$\mathbf{e}_z$ に回転操作 $\hat{C}_2$ を行っても向きが変わらないから 1 である．同様に鏡映操作 $\hat{\sigma}_{v(xz)}$ でも鏡映操作 $\hat{\sigma}_{v(yz)}$ でも向きが変わらないから 1 である．そうすると，表 13・3 の指標表から，$\mathbf{e}_z$ は A_1 対称性であることがわかる．

今度は，x 軸方向の単位ベクトル $\mathbf{e}_x$ を考えてみよう．恒等操作 $\hat{E}$ では 1 であるが，回転操作 $\hat{C}_2$ を行うと向きが逆になるので −1 である〔図 13・4(b)〕．ま

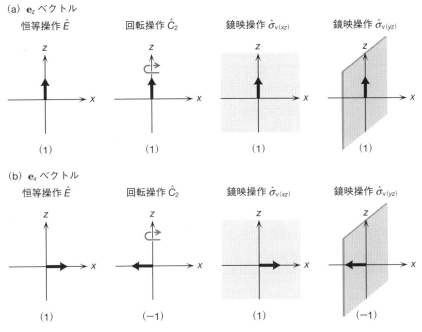

図 13・4　対称操作に対する並進運動の向きの変化

た，鏡映操作 $\hat{\sigma}_{v(xz)}$ では向きが変わらないから 1，しかし，鏡映操作 $\hat{\sigma}_{v(yz)}$ では向きが変わるから -1 である．つまり，1，-1，1，-1 だから B_1 対称性になる．同様にして，$\mathbf{e}_y$ は B_2 対称性になる（章末問題 13・8）．

次に，z 軸まわりの回転運動 R_z を調べてみよう．図 13・5 には z 軸まわりの

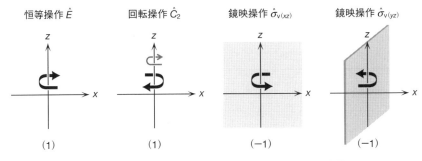

図 13・5　対称操作に対する回転運動 R_z の向きの変化

回転運動 ⤴ が対称操作によって向きが変わるかどうかを示している．恒等操作 $\hat{E}$ および回転操作 $\hat{C}_2$ では回転運動の向きは変わらない．しかし，鏡映操作 $\hat{\sigma}_{(xz)}$ と $\hat{\sigma}_{(yz)}$ では回転運動の向きが逆になる．つまり，R_z は A_2 対称性であることがわかる．同様にして，x 軸まわりの回転運動 R_x は B_2 対称性であり（章末問題 13・9），y 軸まわりの回転運動 R_y は B_1 対称性である．

次に，H_2O 分子の振動運動の対称性について説明する．図 13・1(a) からわかるように，対称伸縮振動では z 軸方向に電気双極子モーメントが誘起される．したがって，対称伸縮振動は z 軸方向の単位ベクトル $\mathbf{e}_z$ と同様に A_1 対称性である．これに対して，逆対称伸縮振動では x 方向に電気双極子モーメントが誘起される．つまり，逆対称伸縮振動は x 軸方向の単位ベクトル $\mathbf{e}_x$ と同様に B_1 対称性である．変角振動では，対称伸縮振動と同様に z 軸方向に電気双極子モーメントが誘起される．したがって，対称伸縮振動と同様に A_1 対称性である．電気双極子モーメントはベクトルであり（§2・3参照），振動運動の対称性が指標表のベクトル欄の x, y, z のどれかと同じ対称性になる場合に赤外活性となる．また，A_2 対称性のようにどれとも同じにならなければ赤外不活性である．

表 13・3 にはテンソル欄もある．すでに §11・3 で説明したように，テンソルはベクトルとベクトルの積のようなものである．イメージするためには，I 巻 §18・1 の d 軌道の図を参考にするとよい．たとえば，d_{xz} 軌道は変数 xz に比例するので，$(x>0, z>0)$ および $(x<0, z<0)$ の領域で正の値（実線）であり，$(x>0, z<0)$ および $(x<0, z>0)$ の領域で負の値（破線）となる．d_{xz} 軌道に四つの対称操作を行った結果を図 13・6 に示す．それぞれの対称操作に対して，1，-1，1，-1 だから，xz は表 13・3 の指標表のテンソル欄で

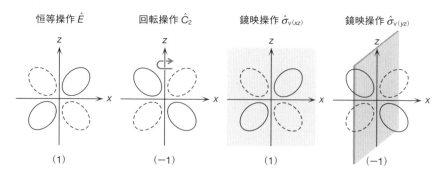

図 13・6　対称操作に対する d_{xz} 軌道の向きの変化

B_1 対称性にある．ラマン散乱で説明した分極率の変化はテンソルなので，分子の振動運動の対称性が x^2, y^2, z^2, xy, yz, xz の対称性のどれかと一致すればラマン活性となる．また，どれとも一致しなければラマン不活性である．H_2O 分子のような C_{2v} 点群の分子は，すべての振動運動がラマン活性である．表13・3のテンソル欄には，どの対称性にもテンソルのどれかが書かれているからである．

章末問題

13・1 H_2O 分子の結合角が平衡構造から大きくなったとき，OH 結合の結合モーメントの変化量をベクトルの引き算で表せ．

13・2 H_2O 分子の同位体種 D_2O 分子の振動運動による赤外吸収バンドは H_2O 分子に比べて広いか狭いか．

13・3 C_{2v} 点群で，対称操作 $\hat{E}\hat{C}_2\hat{\sigma}_{v(xz)}\hat{\sigma}_{v(yz)}$ はどのような対称操作を1回行ったことと同じになるか．表13・2を参照せよ．

13・4 H_2O 分子の1個の H 原子が同位体の D 原子に置換された HDO 分子にはどのような対称要素があるか．

13・5 $(1, -1, i, -i)$ の集合について，掛け算の操作を考える．表13・2に対応する表をつくれ．ただし，i は虚数単位である．

13・6 問題13・5で，恒等操作 $\hat{E}$ に対応する操作は何か．また，$-i$ の掛け算の逆対称操作に対応する操作は何か．

13・7 C_{2v} 点群の2回の対称操作 $\hat{\sigma}_{v(xz)}\hat{\sigma}_{v(yz)}$ はどの対称操作と同じになるか，表13・3の指標表の1と -1 の掛け算で考えよ．

13・8 単位ベクトル $\mathbf{e}_y$ について図13・4と同様の図を描き，B_2 対称性であることを確認せよ．

13・9 回転運動 R_x について図13・5と同様の図を描き，B_2 対称性であることを確認せよ．

13・10 テンソル xy について図13・6と同様の図を描き，A_2 対称性であることを確認せよ．紙面を xy 平面とし，鏡映面の方向を変えて描く．

14

基準振動の計算：
GF 行列法

> 二原子分子と異なり，三原子分子では複数の振動運動（伸縮振動，変角振動）を扱わなければならない．まずは二原子分子の換算質量 μ の逆数に対応する **G** 行列と，力の定数 k に対応する **F** 行列を計算する．複数の振動運動は混ざるので，それぞれの行列には非対角項が含まれる．**GF** 行列を対角化して，直交した独立な基準振動を求める．

14・1 三原子分子の振動運動の扱い

まず，二原子分子の振動運動のエネルギー固有値について復習する（4章参照）．二原子分子は換算質量 μ の1個の粒子とみなすことができ，平衡核間距離からの変位を z とすれば，振動運動の運動エネルギー T は古典力学で，

$$T = \frac{1}{2}\mu \dot{z}^2 \tag{14・1}$$

と表される．ここで，z の上に・の印をつけた $\dot{z}$ は速度 dz/dt を表す．あるいは，速度 $\dot{z}$ の代わりに運動量 p_z（＝質量×速度＝$\mu\dot{z}$）を用いれば，

$$T = \frac{1}{2\mu}p_z^2 \tag{14・2}$$

となる〔(4・12)式参照〕．一方，振動運動のポテンシャルエネルギー U は，変位 z の2乗に比例するという調和振動子近似を使えば，次のように表される．

$$U = \frac{1}{2}kz^2 \tag{14・3}$$

ここで k は力の定数である．振動運動のエネルギー E は，古典力学で，

$$E = T + U = \frac{1}{2}(\mu\dot{z}^2 + kz^2) \tag{14・4}$$

となる．二原子分子の振動運動は1次元の運動であり，運動エネルギー T もポ

14・2 H₂O 分子の換算質量と力の定数

テンシャルエネルギー U も共通の変数 z で表される。そこで，(14・4)式の右辺を演算子に変換して波動方程式をたて，エルミート多項式を使って方程式を解き，量子論でエネルギー固有値 $E_{振動}$ を求める〔(4・20)式参照〕。

$$E_{振動} = \hbar \left(\frac{k}{\mu}\right)^{\frac{1}{2}} \left(v + \frac{1}{2}\right) \qquad v = 0, 1, 2, \cdots \qquad (14・5)$$

三原子分子になると，二つの伸縮振動だけでなく変角振動も考えなければならないので，振動運動の扱いが複雑になる。しかも，§12・1で説明したように，独立に振動運動するのではなく，対称振動（対称伸縮振動や逆対称伸縮振動）になる。また，後で説明するように，変角振動すると核間距離が伸びたり縮んだりする。つまり，伸縮振動が少し混ざる。多原子分子の場合には，二原子分子で考えた換算質量 μ や力の定数 k をどのように扱ったらよいだろうか。

14・2　H₂O 分子の換算質量と力の定数

例として，H₂O 分子の振動運動のエネルギー固有値を求める。H₂O 分子は平面分子であり，分子面内で振動運動するので，x 軸方向と z 軸方向の 2 次元空間で扱うことにする。まず，運動エネルギーを求めるために，それぞれの原子の直交座標の変位（矢印）を図 14・1 のように定義する。ここで，2 個の H 原子を区別するために，H1 と H2 と名づけた。

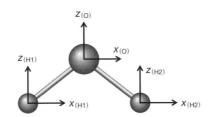

図 14・1　H₂O 分子の直交座標の変位の定義

それぞれの原子の運動量ベクトル $\boldsymbol{p}$ の成分で運動エネルギー T を表せば，

$$T = \frac{1}{2m_O}\{p_{x(O)}^2 + p_{z(O)}^2\} + \frac{1}{2m_H}\{p_{x(H1)}^2 + p_{z(H1)}^2\} + \frac{1}{2m_H}\{p_{x(H2)}^2 + p_{z(H2)}^2\} \qquad (14・6)$$

となる。ここで，m_O と m_H はそれぞれ O 原子と H 原子の質量である。(14・6)式を行列で表現すれば次のようになる。

$$T = \frac{1}{2} (p_{x(\mathrm{O})} \; p_{z(\mathrm{O})} \; p_{x(\mathrm{H1})} \; p_{z(\mathrm{H1})} \; p_{x(\mathrm{H2})} \; p_{z(\mathrm{H2})}) \begin{pmatrix} \frac{1}{m_{\mathrm{O}}} & 0 & 0 & 0 & 0 & 0 \\ 0 & \frac{1}{m_{\mathrm{O}}} & 0 & 0 & 0 & 0 \\ 0 & 0 & \frac{1}{m_{\mathrm{H}}} & 0 & 0 & 0 \\ 0 & 0 & 0 & \frac{1}{m_{\mathrm{H}}} & 0 & 0 \\ 0 & 0 & 0 & 0 & \frac{1}{m_{\mathrm{H}}} & 0 \\ 0 & 0 & 0 & 0 & 0 & \frac{1}{m_{\mathrm{H}}} \end{pmatrix} \begin{pmatrix} p_{x(\mathrm{O})} \\ p_{z(\mathrm{O})} \\ p_{x(\mathrm{H1})} \\ p_{z(\mathrm{H1})} \\ p_{x(\mathrm{H2})} \\ p_{z(\mathrm{H2})} \end{pmatrix}$$

$$= \frac{1}{2} {}^t\!P_{\mathrm{X}} M^{-1} P_{\mathrm{X}} \tag{14・7}$$

行列 P_{X} の添え字の X は直交座標系で表した運動量であることを意味する.また,${}^t\!P_{\mathrm{X}}$(横行列)は P_{X}(縦行列)の転置行列を表し,M^{-1} は対角項にそれぞれの原子の質量を並べた対角行列 M の逆行列を表す[*1].

一方,ポテンシャルエネルギー U は OH 結合に関与する電子がばねの役割を果たすから,分子内座標(結合距離 r_1, r_2 と結合角 2θ)の変位で考えるほうがわかりやすい.ここで,θ は結合角の半分と定義したので(図 10・3),結合角に係数 2 を掛け算した.振動運動が平衡構造の近くで調和振動すると仮定しよう.ただし,それぞれの振動運動は独立でないから(混ざるから),それぞれの振動運動に関する力の定数(多原子分子では k の代わりに f とする)だけではなく,振動運動の相互作用を表す力の定数も必要になる.つまり,ポテンシャルエネルギー U は分子内座標の変位(Δr_1, Δr_2, $2r_{\mathrm{e}}\Delta\theta$)を使って[*2],

$$U = \frac{1}{2} \{ f_{11}\Delta r_1^2 + f_{11}\Delta r_2^2 + f_{33}(2r_{\mathrm{e}}\Delta\theta)^2 \\ + 2f_{12}\Delta r_1 \Delta r_2 + 2f_{13}\Delta r_1 (2r_{\mathrm{e}}\Delta\theta) + 2f_{13}\Delta r_2 (2r_{\mathrm{e}}\Delta\theta) \} \tag{14・8}$$

と書ける.なお,結合距離の単位と結合角の単位が違うので,結合角の変位に OH 結合の平衡核間距離 r_{e}(定数)を掛け算して,$2r_{\mathrm{e}}\Delta\theta$ を変位とした.こうすると,力の定数の単位がすべて同じになる.また,力の定数 f の下付きの数字は振動運動の種類を表し,1 が Δr_1,2 が Δr_2,3 が $2r_{\mathrm{e}}\Delta\theta$ である.たとえば,

---

[*1] 二原子分子の振動運動の運動エネルギーを表す(14・2)式も,(14・7)式の行列のように表現すれば,$T = (1/2){}^t\!p_z \mu^{-1} p_z = (1/2\mu) p_z^2$ となる.ただし,二原子分子の p_z は 1 次元の変数なので ${}^t\!p_z = p_z$ である.

[*2] 図 14・1 では直交座標の変位を x, y, z と定義した.分子内座標(結合距離,結合角)では,変位であることをはっきりさせるために Δ をつけた.

f_{12} は伸縮振動 Δr_1 と伸縮振動 Δr_2 の相互作用に関する力の定数を表す．力の定数は座標の順番に関係しないから，$f_{21} = f_{12}$ である．また，二つの OH 結合の伸縮振動 Δr_1 と Δr_2 は等価なので（どちらの電子も存在確率の分布が同じという意味），$f_{22} = f_{11}$ および $f_{31} = f_{32} = f_{23} = f_{13}$ とした．

H_2O 分子の三つの分子内座標の変位を次のように縦行列 $\boldsymbol{R}$ で定義する．

$$\boldsymbol{R} = \begin{pmatrix} \Delta r_1 \\ \Delta r_2 \\ 2r_e \Delta \theta \end{pmatrix} \tag{14・9}$$

また，力の定数を次のように3行3列の行列 $\boldsymbol{F}$ で定義する．

$$\boldsymbol{F} = \begin{pmatrix} f_{11} & f_{12} & f_{13} \\ f_{12} & f_{11} & f_{13} \\ f_{13} & f_{13} & f_{33} \end{pmatrix} \tag{14・10}$$

ここで，$\boldsymbol{F}$ 行列は対称行列なので，${}^t\boldsymbol{F} = \boldsymbol{F}$ が成り立つ．(14・8)式のポテンシャルエネルギー U は行列 $\boldsymbol{R}$ と $\boldsymbol{F}$ を使って，

$$U = \frac{1}{2} {}^t\boldsymbol{R} \boldsymbol{F} \boldsymbol{R} \tag{14・11}$$

となる[*1]．結局，H_2O 分子の振動運動のエネルギー E は，(14・7)式と(14・11)式を足し算して，古典力学で次のようになる．

$$E = \frac{1}{2} {}^t\boldsymbol{P}_X \boldsymbol{M}^{-1} \boldsymbol{P}_X + \frac{1}{2} {}^t\boldsymbol{R} \boldsymbol{F} \boldsymbol{R} \tag{14・12}$$

ここで大きな問題に遭遇する．運動エネルギーが直交座標系で表され，ポテンシャルエネルギーが分子内座標系で表されていることである．直交座標と分子内座標は相互に変換できるので，どちらかの座標系に統一する必要がある[*2]．

14・3 直交座標系から分子内座標系への変換

分子内座標系の変位 $\boldsymbol{R}$ と直交座標系の変位 $\boldsymbol{X}$ との関係式を求めてみよう．平衡構造での結合角を $2\theta_e$（$\approx 104.5°$，定数）とする．Δr_1 は O 原子の x 座標の変位 $x_{(O)}$ と z 座標の変位 $z_{(O)}$ の O–H1 結合軸方向への射影（$x_{(O)} \sin \theta_e$ と $z_{(O)} \cos \theta_e$）

[*1] 二原子分子のポテンシャルエネルギーを表す(14・3)式も，(14・11)式の行列のように表現すれば，$U = (1/2){}^t zkz = (1/2)kz^2$ となる．ただし，z は1次元の変数なので ${}^t z = z$ である．

[*2] I巻§4・1で H 原子の電子運動の波動関数とエネルギー固有値を求める場合も同じ問題に遭遇した．H 原子の電子運動の場合には，直交座標系で表されるラプラシアン ∇^2 を極座標系に変換してから方程式を解いた．振動運動の場合には§14・3で説明する GF 行列法を利用する．

と，H1 原子の $x_{(H1)}$ と $z_{(H1)}$ の O−H1 結合軸方向への射影（$x_{(H1)}\sin\theta_e$ と $z_{(H1)}\cos\theta_e$）との差である〔$\cos(\pi/2-\theta_e)=\sin\theta_e$ を利用〕．図 14・2 では，直交座標系での変位を黒い矢印（⟶）で，それぞれの射影を白い矢印（⟹）で表した．そうすると，Δr_1 は，

$$\Delta r_1 = x_{(O)}\sin\theta_e + z_{(O)}\cos\theta_e - x_{(H1)}\sin\theta_e - z_{(H1)}\cos\theta_e \quad (14\cdot13)$$

となる．ただし，Δr_1 が伸びる方向を正とした．同様に Δr_2 は，

$$\Delta r_2 = -x_{(O)}\sin\theta_e + z_{(O)}\cos\theta_e + x_{(H2)}\sin\theta_e - z_{(H2)}\cos\theta_e \quad (14\cdot14)$$

となる．また，変角振動については（章末問題 14・3），

$$2r_e\Delta\theta = -2z_{(O)}\sin\theta_e - x_{(H1)}\cos\theta_e + z_{(H1)}\sin\theta_e + x_{(H2)}\cos\theta_e + z_{(H2)}\sin\theta_e \quad (14\cdot15)$$

となる．(14・13)式～(14・15)式を行列にまとめると，次のようになる．

$$\begin{pmatrix} \Delta r_1 \\ \Delta r_2 \\ 2r_e\Delta\theta \end{pmatrix} = \begin{pmatrix} \sin\theta_e & \cos\theta_e & -\sin\theta_e & -\cos\theta_e & 0 & 0 \\ -\sin\theta_e & \cos\theta_e & 0 & 0 & \sin\theta_e & -\cos\theta_e \\ 0 & -2\sin\theta_e & -\cos\theta_e & \sin\theta_e & \cos\theta_e & \sin\theta_e \end{pmatrix} \begin{pmatrix} x_{(O)} \\ z_{(O)} \\ x_{(H1)} \\ z_{(H1)} \\ x_{(H2)} \\ z_{(H2)} \end{pmatrix}$$

$$(14\cdot16)$$

R と X との変換行列を B とすれば，(14・16)式は，

$$R = BX \quad (14\cdot17)$$

と書ける．変換行列の B が 3 行 3 列の正方行列にならない理由は，2 次元（xz 平面内）の直交座標の変位 X では，三つの振動運動だけではなく，二つの並

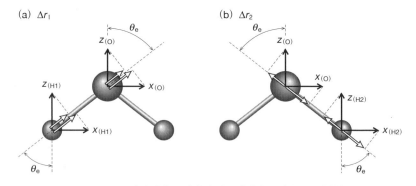

図 14・2　直交座標の変位と分子内座標の変位との関係

14・3 直交座標系から分子内座標系への変換

進運動（x方向とz方向）と一つの回転運動（xz面内つまり回転y）が含まれるからである（§1・3参照）．六つの座標の変位を三つの座標の変位に変換する必要があるので，変換行列Bは3行6列の行列になる．また，変換行列Bを使って，直交座標系の運動量P_Xを分子内座標系の運動量Pに変換できる．

$$P = BP_X \tag{14・18}$$

転置行列を使って(14・18)式を書き換えると，

$$P_X = {}^t\!BP \tag{14・19}$$

となる[*1]．(14・19)式を(14・7)式に代入すると，運動エネルギーTは，

$$T = \frac{1}{2}{}^t({}^t\!BP)M^{-1}({}^t\!BP) = \frac{1}{2}{}^t\!P(BM^{-1}{}^t\!B)P = \frac{1}{2}{}^t\!PGP \tag{14・20}$$

となる．ただし，

$$G = BM^{-1}{}^t\!B \tag{14・21}$$

と定義した．変換行列Bは平衡構造での結合角$2\theta_e$（$\approx 104.5°$）を使って計算できる．また，M行列はO原子の質量m_OとH原子の質量m_Hを要素とする対角行列なので，G行列を計算することは容易である．具体的に，(14・7)式のM^{-1}行列と(14・16)式のB行列を使って計算すると，

$$G = \begin{pmatrix} \dfrac{1}{m_O}+\dfrac{1}{m_H} & \dfrac{\cos 2\theta_e}{m_O} & -\dfrac{\sin 2\theta_e}{m_O} \\ \dfrac{\cos 2\theta_e}{m_O} & \dfrac{1}{m_O}+\dfrac{1}{m_H} & -\dfrac{\sin 2\theta_e}{m_O} \\ -\dfrac{\sin 2\theta_e}{m_O} & -\dfrac{\sin 2\theta_e}{m_O} & \dfrac{2(1-\cos 2\theta_e)}{m_O}+\dfrac{2}{m_H} \end{pmatrix} \tag{14・22}$$

となる（章末問題14・4）．ここで，$\cos^2\theta_e - \sin^2\theta_e = \cos 2\theta_e$ および $2\sin\theta_e\cos\theta_e = \sin 2\theta_e$ の関係を用いた（$2\theta_e$は平衡構造での結合角）．なお，G行列はF行列と同様に3行3列の対称行列であり，${}^t G = G$が成り立つ．

分子内座標系の運動量Pと変位Rの間には次の関係式がある[*2]．

$$P = G^{-1}\dot{R} \tag{14・23}$$

$\dot{R}$は分子内座標の変位の時間微分，つまり，速度の行列を表す．(14・23)式を

[*1] 核間距離が変わらない並進運動と回転運動の運動量を0とすると(14・19)式が成り立つ．しかし，並進運動と回転運動の変位は0ではないので，$X = {}^t\!BR$とはならない．この変換が成り立つためには，六つの変位（Δr_1, Δr_2, $2r_e\Delta\theta$, 並進x, 並進z, 回転y）を考え，変換行列Bを6行6列の正方行列にする必要がある．詳しくは，水島三一郎，島内武彦著，"赤外吸収とラマン効果"，共立出版（1958）参照．

[*2] 質量μの1個の粒子の1次元の運動量は$p_z = \mu\dot{z}$であり，μが(14・23)式のG^{-1}に対応する．

使って，(14・20)式を書きかえれば，

$$T = \frac{1}{2}{}^t(\boldsymbol{G}^{-1}\dot{\boldsymbol{R}})\boldsymbol{G}(\boldsymbol{G}^{-1}\dot{\boldsymbol{R}}) = \frac{1}{2}{}^t\dot{\boldsymbol{R}}\boldsymbol{G}^{-1}\dot{\boldsymbol{R}} \qquad (14\cdot24)$$

になる．ここで，${}^t\boldsymbol{G} = \boldsymbol{G}$ を利用した．結局，運動エネルギー T とポテンシャルエネルギー U は共通の座標，つまり，分子内座標の変位 $\boldsymbol{R}$ を使って，

$$T = \frac{1}{2}{}^t\dot{\boldsymbol{R}}\boldsymbol{G}^{-1}\dot{\boldsymbol{R}} \qquad (14\cdot25)$$

$$U = \frac{1}{2}{}^t\boldsymbol{R}\boldsymbol{F}\boldsymbol{R} \qquad (14\cdot26)$$

で表される．多原子分子の行列 $\boldsymbol{G}^{-1}$ が二原子分子の換算質量 μ に相当し，多原子分子の行列 $\boldsymbol{F}$ が二原子分子の力の定数 k に相当する．

伸縮振動も変角振動も独立な運動ではない．変角振動しながら少し伸縮振動する．その結果，$\boldsymbol{G}$ 行列も $\boldsymbol{F}$ 行列も対角行列ではなく，0 でない非対角項がある．非対角項の大きさが振動運動の混ざり具合を表す．分子本来の振動運動，つまり，直交した独立な振動運動を基準振動といい，その座標を基準座標という．非対角項をもつ $\boldsymbol{G}$ 行列および $\boldsymbol{F}$ 行列から基準振動およびそのエネルギー固有値を求める方法が，以下に示す GF 行列法である．

14・4　GF 行列法による基準振動計算

三つの分子内座標の変位 $\boldsymbol{R}$ は三つの基準座標の変位 $\boldsymbol{Q}$ の線形結合で表すことができるはずである（直交座標 $\boldsymbol{X}$ と同様に基準座標 $\boldsymbol{Q}$ の変位を表す Δ を省略）．

$$\begin{pmatrix} \Delta r_1 \\ \Delta r_2 \\ 2r_e\Delta\theta \end{pmatrix} = \begin{pmatrix} l_{11} & l_{12} & l_{13} \\ l_{21} & l_{22} & l_{23} \\ l_{31} & l_{32} & l_{33} \end{pmatrix} \begin{pmatrix} Q_1 \\ Q_2 \\ Q_3 \end{pmatrix} \qquad (14\cdot27)$$

行列で表せば，

$$\boldsymbol{R} = \boldsymbol{L}\boldsymbol{Q} \qquad (14\cdot28)$$

である（$\boldsymbol{L}$ は角運動量とは無関係）．変換行列 $\boldsymbol{L}$ は $\boldsymbol{G}$ 行列および $\boldsymbol{F}$ 行列を対角化するための行列でもある．(14・28)式を(14・25)式に代入すると，運動エネルギー T は

$$T = \frac{1}{2}{}^t(\boldsymbol{L}\dot{\boldsymbol{Q}})\boldsymbol{G}^{-1}(\boldsymbol{L}\dot{\boldsymbol{Q}}) = \frac{1}{2}{}^t\dot{\boldsymbol{Q}}({}^t\boldsymbol{L}\boldsymbol{G}^{-1}\boldsymbol{L})\dot{\boldsymbol{Q}} \qquad (14\cdot29)$$

14・4 GF 行列法による基準振動計算

となる。ここで，変換行列 L をうまく選ぶと，${}^tLG^{-1}L$ を単なる対角行列ではなく，単位行列 E（エネルギーではない）にすることができる．

$$ {}^tLG^{-1}L = E \qquad (14・30) $$

両辺の逆行列をとれば，単位行列の逆行列は単位行列のままだから，

$$ L^{-1}G\,{}^tL^{-1} = E \qquad (14・31) $$

となる．また，(14・28)式を(14・26)式に代入すると，ポテンシャルエネルギー U も対角化できる．

$$ U = \frac{1}{2}{}^t(LQ)F(LQ) = \frac{1}{2}{}^tQ({}^tLFL)Q \qquad (14・32) $$

ただし，変換行列 L は(14・29)式と同じなので，今度は単位行列にはならずに，

$$ {}^tLFL = \Lambda \qquad (14・33) $$

となる（同じ変換行列 L で G 行列と F 行列の両方を対角化して，両方を単位行列 E にすることは無理という意味）．Λ は $\lambda_1, \lambda_2, \lambda_3$ を要素とする対角行列である．(14・31)式と(14・33)式の両辺を掛け算すると，

$$ L^{-1}G\,{}^tL^{-1}\,{}^tLFL = L^{-1}(GF)L = \Lambda \qquad (14・34) $$

となる．(14・34)式は行列の積である GF 行列を変換行列 L で対角行列 Λ にするという意味である．つまり，GF 行列の永年方程式をたてて解けばよい[*]．

$$ |GF - E\lambda| = 0 \qquad (14・35) $$

方程式(14・35)を解けば固有ベクトルからなる L 行列と，固有値 $\lambda_1, \lambda_2, \lambda_3$ が得られる．H_2O 分子の振動運動のエネルギー E は(14・29)式，(14・30)式，(14・32)式と(14・33)式より，古典力学で，

$$ E = \frac{1}{2}{}^t\dot{Q}\dot{Q} + \frac{1}{2}{}^tQ\Lambda Q = \frac{1}{2}(\dot{Q}_1^2 + \dot{Q}_2^2 + \dot{Q}_3^2) + \frac{1}{2}(\lambda_1 Q_1^2 + \lambda_2 Q_2^2 + \lambda_3 Q_3^2) $$

$$ = \frac{1}{2}(\dot{Q}_1^2 + \lambda_1 Q_1^2) + \frac{1}{2}(\dot{Q}_2^2 + \lambda_2 Q_2^2) + \frac{1}{2}(\dot{Q}_3^2 + \lambda_3 Q_3^2) \qquad (14・36) $$

となる．一般に多原子分子の振動運動のエネルギー E は次のようになる．

$$ E = \sum_{i=1}^{3n-6} \frac{1}{2}(\dot{Q}_i^2 + \lambda_i Q_i^2) \qquad (14・37) $$

二原子分子の振動エネルギーを表す(14・4)式で $\mu z^2 = Q^2$ とおけば，

---

[*] これは行列の対角化の一般的な方法である．§11・3 で説明した慣性モーメントから主慣性モーメントを求める主軸変換も同様の行列の対角化を用いている．

$$E = \frac{1}{2}\left(\dot{Q}^2 + \frac{k}{\mu}Q^2\right) \qquad (14 \cdot 38)$$

と書ける．つまり，多原子分子の λ_i が二原子分子の k/μ に対応する．したがって，量子論で，それぞれの基準座標の変位 Q_i に関する波動関数はエルミート多項式で表され，それぞれの基準振動のエネルギー固有値 E_i は，

$$E_i = \hbar(\lambda_i)^{\frac{1}{2}}\left(v_i + \frac{1}{2}\right) \qquad v_i = 0, 1, 2, \cdots \qquad (14 \cdot 39)$$

となる．また，基本振動数 $\nu_{e(i)} = (\lambda_i)^{1/2}/2\pi c$ を用いれば〔(4・22)式参照〕，

$$E_i(波数) = \nu_{e(i)}\left(v_i + \frac{1}{2}\right) \qquad v_i = 0, 1, 2, \cdots \qquad (14 \cdot 40)$$

となる．H_2O 分子については $i = 1, 2, 3$ だから，分子全体の振動運動のエネルギー固有値 $E_{振動}$ は次のようになる．

$$E_{振動}(波数) = \nu_{e(1)}\left(v_1 + \frac{1}{2}\right) + \nu_{e(2)}\left(v_2 + \frac{1}{2}\right) + \nu_{e(3)}\left(v_3 + \frac{1}{2}\right) \qquad (14 \cdot 41)$$

なお，L 行列を (14・28) 式に代入すれば，基準座標の変位 Q を分子内座標の変位 R で表すことができる．さらに，(14・17) 式を使えば直交座標の変位 X で表すこともできる．

$$Q = L^{-1}R = L^{-1}BX \qquad (14 \cdot 42)$$

14・5 分子内座標，対称座標，基準座標の関係

分子内座標の代わりに対称座標を使うと，対角化すべき GF 行列が簡単になる．H_2O 分子の対称伸縮振動 ν_{sym} と逆対称伸縮振動 ν_{asym} は，分子内座標の変位（Δr_1 と Δr_2）を使って次のように書ける．

$$\nu_{sym} = \frac{1}{\sqrt{2}}(\Delta r_1 + \Delta r_2) \qquad (14 \cdot 43)$$

$$\nu_{asym} = \frac{1}{\sqrt{2}}(\Delta r_1 - \Delta r_2) \qquad (14 \cdot 44)$$

変角振動 ν_{bend} も含め，対称振動を分子内座標の変位で表せば次のようになる．

$$\begin{pmatrix} \nu_{sym} \\ \nu_{bend} \\ \nu_{asym} \end{pmatrix} = \begin{pmatrix} \frac{1}{\sqrt{2}} & \frac{1}{\sqrt{2}} & 0 \\ 0 & 0 & 1 \\ \frac{1}{\sqrt{2}} & -\frac{1}{\sqrt{2}} & 0 \end{pmatrix} \begin{pmatrix} \Delta r_1 \\ \Delta r_2 \\ 2r_e\Delta\theta \end{pmatrix} \qquad (14 \cdot 45)$$

14・5 分子内座標，対称座標，基準座標の関係

対称振動を表す対称座標の変位を S，変換行列を表す行列を U_s（ポテンシャルエネルギーとは無関係）とおけば，

$$S = U_s R \qquad (14 \cdot 46)$$

となる．変換行列 U_s は規格直交性があり，$U_s^{-1} = {}^tU_s$ が成り立つから，

$$R = U_s^{-1} S = {}^tU_s S \qquad (14 \cdot 47)$$

である．同様に速度（変位の時間微分）についても，

$$\dot{R} = {}^tU_s \dot{S} \qquad (14 \cdot 48)$$

が成り立つ．(14・48)式を(14・25)式に代入すれば，

$$T = \frac{1}{2}{}^t({}^tU_s \dot{S}) G^{-1}({}^tU_s \dot{S}) = \frac{1}{2}{}^t\dot{S}(U_s G^{-1}{}^tU_s)\dot{S} \qquad (14 \cdot 49)$$

となる．同様に(14・47)式を(14・26)式に代入すれば，

$$U = \frac{1}{2}{}^t({}^tU_s S) F({}^tU_s S) = \frac{1}{2}{}^tS(U_s F {}^tU_s)S \qquad (14 \cdot 50)$$

が成り立つ．つまり，

$$G_s = U_s G {}^tU_s \quad \text{および} \quad F_s = U_s F {}^tU_s \qquad (14 \cdot 51)$$

のように，U_s で変換した後の $G_s F_s$ 行列を対角化すれば，基準振動のエネルギー固有値を求めることができる*．具体的に，U_s で変換した後の H_2O 分子の G_s 行列と F_s 行列は次のようになる．

$$G_s = \begin{pmatrix} \dfrac{(1+\cos 2\theta)}{m_O}+\dfrac{1}{m_H} & \dfrac{-\sqrt{2}\sin 2\theta}{m_O} & 0 \\ \dfrac{-\sqrt{2}\sin 2\theta}{m_O} & \dfrac{2(1-\cos 2\theta)}{m_O}+\dfrac{2}{m_H} & 0 \\ 0 & 0 & \dfrac{(1-\cos 2\theta)}{m_O}+\dfrac{1}{m_H} \end{pmatrix} \qquad (14 \cdot 52)$$

$$F_s = \begin{pmatrix} f_{11}+f_{12} & \sqrt{2}f_{13} & 0 \\ \sqrt{2}f_{13} & f_{33} & 0 \\ 0 & 0 & f_{11}-f_{12} \end{pmatrix} \qquad (14 \cdot 53)$$

G 行列も F 行列も3行3列であったが，G_s 行列と F_s 行列では2行2列と1行1列の行列に分離できるので，行列の対角化が容易になる．

どうして，(14・45)式で変角振動を2番目に書き，逆対称伸縮振動を3番目

---

* (14・49)式で $G_s^{-1} = U_s G^{-1} {}^tU_s$ と定義する．そうすると，$G_s = (G_s^{-1})^{-1} = (U_s G^{-1} {}^tU_s)^{-1} = U_s G {}^tU_s$ となり，(14・51)式が得られる．

に書いたかというと，§13・5で説明したように，変角振動と対称伸縮振動は対称性が同じで逆対称伸縮振動とは対称性が異なるからである．G_s 行列も F_s 行列も対称伸縮振動と変角振動で2行2列の行列をつくる．一方，逆対称伸縮振動は1行1列の行列をつくる（二つの行列の間に非対角項がない．3行1列目や3行2列目が0という意味）．対称性の異なる対称振動は独立であり，混ざらない．逆対称伸縮振動は混ざる対称振動がないから基準振動でもある．なお，対称伸縮振動と変角振動の非対角項は対角項に比べて小さいので，対称振動の名前を基準振動の名前として使うことが多い．しかし，対称伸縮振動と変角振動は厳密には基準振動ではない．

基準振動に番号をつける場合には，まず，指標表のマリケンの対称性の順番を考え，そのあとで，同じ対称性のなかでエネルギー固有値の大きさの順番を考える．H_2O 分子の場合には，A_1 対称性の対称伸縮振動と変角振動の順番が優先され，B_1 対称性の逆対称伸縮振動があとになる．つまり，対称伸縮振動が基準振動1，変角振動が基準振動2，逆対称伸縮振動が基準振動3となる．

章末問題

14・1 (14・7)式で，対角項にそれぞれの原子の質量を並べた対角行列 M と逆行列 M^{-1} を掛け算すると単位行列になることを確認せよ．

14・2 (14・9)式と(14・10)式を(14・11)式に代入すると，(14・11)式が(14・8)式と同じになることを確認せよ．

14・3 変角振動を直交座標の変位で表すと，(14・15)式になることを示せ．

14・4 H_2O 分子の G 行列が(14・22)式になることを確認せよ．

14・5 (14・45)式の変換行列 U_s が直交行列であることを確認せよ．

14・6 対称伸縮振動と逆対称伸縮振動の混ざり具合を調べよ．

14・7 もしも，対称振動の順番を ν_{sym}, ν_{asym}, ν_{bend} とすると，変換行列 U_s はどのようになるか．

14・8 前問の変換行列が直交行列であることを確認せよ．

14・9 問題14・7で，G_s 行列および F_s 行列の要素はどのような式になるか．

14・10 §14・5の説明から，m_O, m_H, θ_e と F 行列の要素 f_{ij} を使って，H_2O 分子の ν_{asym} の λ を式で表せ．

15
立体分子の振動スペクトル

> NH₃ 分子の振動運動は C_{3v} 点群に従う。対称変角振動は他の対称振動と異なり,振動基底状態では調和振動子近似がほぼ成り立つが,振動励起状態では反転運動に伴う対称二極小ポテンシャルのために,エネルギー準位が大きく分裂する。二つの極小値での波動関数が対称に重なると安定になり,反対称に重なると不安定になる。

15・1　NH₃ 分子の対称要素

　NH₃ 分子の幾何学的構造は,I 巻 §17・3 で説明したように正三角錐である(図 15・1)。まずは対称要素を考える。3 個の H 原子がつくる正三角形の重心と N 原子を結ぶ軸が回転軸 C_3 である。回転軸のまわりで 360°/3 の回転と 2×(360°/3) の回転で N 原子は動かず,H 原子は別の H 原子の位置に動くから,もとの形と一致する。回転操作で表現すれば,$\hat{C}_3^1$ を行っても $\hat{C}_3^2$ を行っても,もとの形と同じになるという意味である。NH₃ 分子は回転軸 C_3 が分子軸であ

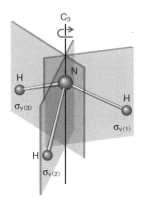

図 15・1　**NH₃ 分子の対称要素**

る．回転軸 C_3 のほかに分子軸を含む三つの鏡映面 σ_v がある〔$\sigma_{v(1)}$, $\sigma_{v(2)}$, $\sigma_{v(3)}$ とする〕．鏡映操作 $\hat{\sigma}_v$ を行うと N 原子と 1 個の H 原子は動かず，残りの 2 個の H 原子は位置を交換するだけなので，もとの形と同じなる．このような対称要素をもつ点群を C_{3v} 点群とよぶ．添え字の 3 は分子軸が回転軸 C_3 であることを表し，また，添え字の v は鏡映面 σ_v があることを表す．

C_{3v} 点群の指標表を表 15・1 に示す．H_2O 分子の C_{2v} 点群と異なる点がいくつかある．まず，表の上段の対称操作に係数がついている．$2\hat{C}_3$ は $\hat{C}_3^1$ と $\hat{C}_3^2$ のことである ($\hat{C}_3^3 = \hat{E}$)．$3\hat{\sigma}_v$ は三つの鏡映面の鏡映操作をまとめて書いたことを表す．また，C_{2v} 点群ではマリケンの対称性の名前は A_1, A_2, B_1, B_2 であったが，C_{3v} 点群では E という名前の対称性がある（恒等操作と混乱しない）．E 対称性は恒等操作 $\hat{E}$ に対して 2，鏡映操作 $\hat{\sigma}_v$ に対して 0 と書いてある．この対称性は二重の縮重を表す*．どういうことなのか，以下に NH_3 分子の振動運動を使って説明する．

表 15・1　C_{3v} 点群の指標表

対称性	$\hat{E}$	$2\hat{C}_3$	$3\hat{\sigma}_v$	ベクトル	テンソル
A_1	1	1	1	z	x^2+y^2, z^2
A_2	1	1	-1	R_z	
E	2	-1	0	(x, y), (R_x, R_y)	(x^2-y^2, xy), (xz, yz)

15・2　NH_3 分子の振動運動

H_2O 分子の対称振動を参考にして，NH_3 分子の対称振動を調べてみよう．NH_3 分子の原子数は 4 であり非直線分子だから，振動運動の自由度は $3\times4-6=6$ である．まずは NH 伸縮振動を考える．三つの NH 結合のそれぞれにばねを考えると，三つの伸縮振動がある．3 個の H 原子を区別するために，番号 1, 2, 3 をつけると，分子内座標の伸縮振動は Δr_1, Δr_2 と Δr_3 と表すことができる．伸縮振動に関する三つの対称振動のうち，一つはすべてのばねが一緒に伸びたり

---

* 縮重した E 対称性は対称操作の結果が 1 または -1 ではなく，2 行 2 列の行列で表される．恒等操作は単位行列 $\begin{pmatrix} 1 & 0 \\ 0 & 1 \end{pmatrix}$，回転操作は $\begin{pmatrix} -1/2 & -\sqrt{3}/2 \\ \sqrt{3}/2 & -1/2 \end{pmatrix}$ または $\begin{pmatrix} -1/2 & \sqrt{3}/2 \\ -\sqrt{3}/2 & -1/2 \end{pmatrix}$，鏡映操作は $\begin{pmatrix} 1 & 0 \\ 0 & -1 \end{pmatrix}$, $\begin{pmatrix} -1/2 & -\sqrt{3}/2 \\ -\sqrt{3}/2 & 1/2 \end{pmatrix}$ または $\begin{pmatrix} -1/2 & \sqrt{3}/2 \\ \sqrt{3}/2 & 1/2 \end{pmatrix}$ になる．表 15・1 の指標表ではそれぞれの行列の対角項の和が書かれている．中崎昌雄著，"分子の対称と群論"，東京化学同人 (1973) 参照．

縮んだりする対称伸縮振動 ν_sym である．式で表せば，

$$\nu_\text{sym} = \frac{1}{\sqrt{3}}(\Delta r_1 + \Delta r_2 + \Delta r_3) \tag{15・1}$$

となる．規格化するために係数の $1/\sqrt{3}$ を掛け算した．これに対して，一つのばねが伸びたらもう一つのばねが縮むという逆対称伸縮振動 ν_asym もある．組合わせを考えると，次の三つが考えられる．

$$\nu_\text{asym} = \frac{1}{\sqrt{2}}(\Delta r_1 - \Delta r_2) \tag{15・2}$$

$$\nu_\text{asym} = \frac{1}{\sqrt{2}}(\Delta r_2 - \Delta r_3) \tag{15・3}$$

$$\nu_\text{asym} = \frac{1}{\sqrt{2}}(\Delta r_3 - \Delta r_1) \tag{15・4}$$

そうすると，対称伸縮振動と逆対称伸縮振動の合計が四つになる．しかし，三つの伸縮振動で四つの対称振動ができるはずがない．実は，(15・2)式〜(15・4)式の三つの逆対称伸縮振動は独立ではない．なぜならば，三つの逆対称伸縮振動を足し算すると分子内座標の変位は 0 になってしまう．つまり，一般の方程式を解くときの束縛条件が含まれているようなものである．独立な逆対称伸縮振動は二つだから，三つの分子内座標の伸縮振動 ($\Delta r_1, \Delta r_2, \Delta r_3$) から三つの対称振動 ($\nu_\text{sym}, \nu_{\text{asym}(1)}, \nu_{\text{asym}(2)}$) への直交変換は次のように表される*．

$$\begin{pmatrix} \nu_\text{sym} \\ \nu_{\text{asym}(1)} \\ \nu_{\text{asym}(2)} \end{pmatrix} = \begin{pmatrix} \frac{1}{\sqrt{3}} & \frac{1}{\sqrt{3}} & \frac{1}{\sqrt{3}} \\ \frac{\sqrt{2}}{\sqrt{3}} & -\frac{1}{\sqrt{6}} & -\frac{1}{\sqrt{6}} \\ 0 & \frac{1}{\sqrt{2}} & -\frac{1}{\sqrt{2}} \end{pmatrix} \begin{pmatrix} \Delta r_1 \\ \Delta r_2 \\ \Delta r_3 \end{pmatrix} \tag{15・5}$$

(15・5)式の三つの対称振動 ($\nu_\text{sym}, \nu_{\text{asym}(1)}, \nu_{\text{asym}(2)}$) を図 15・2 に示す．それぞれの NH 結合の結合モーメントの変化 (⟶) および誘起電気双極子モーメント (⇨) も描いた．結合モーメントの変化のベクトルは結合距離が伸びたときに N 原子から H 原子の方向を向き，縮んだときには H 原子から N 原子の方向を向く．図 15・2(a)では，対称伸縮振動 ν_sym で結合距離が縮んだときの結合モーメントの変化を示す．三つの結合モーメントの変化のベクトル和は分

---

* この直交変換は三つの原子軌道である 2s 軌道と $2p_z$ 軌道と $2p_x$ 軌道から，三つの sp^2 混成軌道をつくるときの直交変換と同じである〔I 巻(16・3)式参照〕．

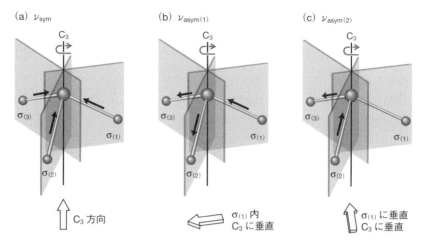

図 15・2　NH_3 分子の対称伸縮振動と縮重した逆対称伸縮振動（N 原子の動きは省略）

子軸（回転軸 C_3）の方向を向く．つまり，単位ベクトル $\mathbf{e}_z$ と同じ A_1 対称性になる（指標表 15・1 のベクトル欄参照）．結合距離が伸びた場合には結合モーメントの変化の向きが逆になるが，対称性は同じである．単位ベクトル $\mathbf{e}_z$ と同じ対称性になるということは，赤外活性な振動運動である．また，指標表 15・1 のテンソル欄からわかるようにラマン活性でもある．そもそも NH_3 分子には対称心がなく，永久電気双極子モーメント $\mu_{永久}$ があるから，すべての振動運動がラマン活性であり，赤外活性でもある．

一方，二つの逆対称伸縮振動は，図 15・2(b) と (c) をみるとわかるように，結合モーメントの変化のベクトル和によってできる誘起電気双極子モーメント $\mu_{誘起}$ の方向が 90°違うだけである（$\nu_{asym(2)}$ の $\mu_{誘起}$ は鏡映面 $\sigma_{(1)}$ に対して垂直方向を向く．章末問題 15・5 参照）．つまり，$\nu_{asym(1)}$ と $\nu_{asym(2)}$ は縮重した逆対称伸縮振動である．このような場合，指標表の恒等操作 $\hat{E}$ の欄には 2 と書かれ（§15・1 脚注参照），マリケンの対称性の名前は E となる．また，x 方向と y 方向が等価なので，指標表のベクトル欄には (x, y) と書かれ，テンソル欄には (x^2-y^2, xy) および (xz, yz) と書かれる．縮重した逆対称伸縮振動 $\nu_{asym(1)}$ と $\nu_{asym(2)}$ はベクトルおよびテンソルの対称性と一致するので，赤外活性であり，ラマン活性でもある．

変角振動についても伸縮振動と全く同様に考えることができる．それぞれの NH 結合と分子軸のなす角度の変位を $r_e\Delta\theta_1$, $r_e\Delta\theta_2$, $r_e\Delta\theta_3$ と名づければ（r_e は

NH 結合の平衡核間距離),それらの直交変換によって(章末問題 15・4),一つの対称変角振動 θ_sym と二つの縮重した変角振動,つまり,逆対称変角振動 $\theta_\text{asym(1)}$ と $\theta_\text{asym(2)}$ ができる*.結合モーメントの変化と誘起電気双極子モーメントを図 15・3 に示す(振動の方向が逆ならば矢印の向きも逆).

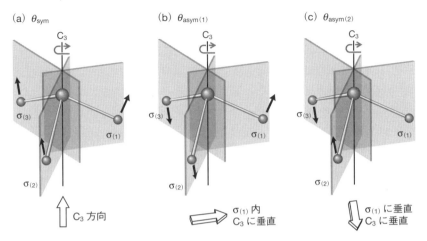

図 15・3 NH$_3$ 分子の対称変角振動と縮重した逆対称変角振動(N 原子の動きは省略)

15・3 NH$_3$ 分子の赤外吸収スペクトル

NH$_3$ 分子の赤外吸収スペクトルを図 15・4 に示す.横軸は赤外線のエネルギー(波数),縦軸は吸光度である.3340 cm^{-1} と 3440 cm^{-1} 付近の吸収バンド

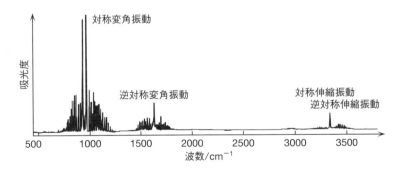

図 15・4 NH$_3$ 分子の赤外吸収スペクトル

---

* ν_bend を θ と書くことにする.なお,結合角 θ_HNH の変位を考えても対称振動の考え方は同じ.

が対称伸縮振動と縮重した逆対称伸縮振動によるものである．複雑なのではっきりとは区別できないが，拡大して丁寧に解析すると，2種類のNH伸縮振動の吸収バンドであることがわかる*．一方，950 cm^{-1}と1600 cm^{-1}付近の吸収バンドが対称変角振動と縮重した逆対称変角振動によるものである．H_2O分子の変角振動は1種類であるが，NH_3分子には2種類の変角振動が現れる（章末問題15・7）．950 cm^{-1}付近の対称変角振動の吸収バンドが二つ重なっている理由は§15・4で説明する．

NH_3分子の振動運動と振動数（単位は波数 cm^{-1}）を表15・2にまとめる．すべての対称振動が赤外活性かつラマン活性なので，赤外吸収スペクトルの結果のみを示す．分子全体の振動運動の自由度は，(13・1)式で予想したように，合計$3 \times 4 - 6 = 6$になる．表15・2の左列にはマリケンの対称性の名前を書いた．前章で述べたように，同じA_1対称性の対称伸縮振動と対称変角振動は混ざる．それぞれの振動が関与するG行列とF行列を求め，混ざり具合を表す非対角項の要素が0になるようにGF行列を対角化すれば，基準振動の振動数を求めることができる．ただし，混ざり具合は二つの振動数の差が小さければ大きく，差が大きければ小さい．対称伸縮振動と対称変角振動は振動数の差が大きいので，ほとんど混ざらない．つまり，対称伸縮振動も対称変角振動も基準振動とみなしてよい．逆対称伸縮振動と逆対称変角振動も同様である．表15・2では基準振動の名前の代わりに対称振動の名前で区別した．

表 15・2 NH_3分子の振動運動と振動数

対称性	振動の種類	自由度	赤外吸収 ラマン散乱	振動数 /cm^{-1}
A_1	対称伸縮振動	1	活性	3336, 3337
A_1	対称変角振動	1	活性	933, 968
E	逆対称伸縮振動（縮重）	2	活性	3443, 3444
E	逆対称変角振動（縮重）	2	活性	1626, 1627

基準振動の番号の付け方については§14・5でも説明した．まず，マリケンの対称性の順番を優先する．つまり，E対称性よりもA対称性の振動運動を優

---

* 対称こま分子ではP枝，R枝のほかにQ枝も観測される〔森野米三編，中川一朗著"分子の構造（分子科学講座）"，3章，共立出版（1967）参照〕．また，対称伸縮振動や対称変角振動はすべての結合モーメントの変化の方向が揃うので誘起電気双極子モーメントが大きく，それぞれが逆対称伸縮振動や逆対称変角振動よりも赤外吸収が強い．

先する．また，同じ対称性のなかではエネルギー固有値の大きい基準振動を優先する．したがって，NH_3 分子の場合には A_1 対称性の対称伸縮振動が基準振動 1，対称変角振動が基準振動 2，縮重した E 対称性の逆対称伸縮振動が基準振動 3，逆対称変角振動が基準振動 4 となる．

15・4 NH_3 分子の反転運動

表 15・2 には観測された振動数が二つずつ書かれている．それぞれの基準振動で 2 種類の吸収バンドが観測されるという意味である．この原因は NH_3 分子の反転運動に関するトンネル効果のために，振動運動のエネルギー準位が二つに分裂するからである．

図 15・3(a) の対称変角振動（基準振動 2）は，平衡構造からの微小変化を考えれば調和振動子近似が成り立つ．つまり，波動関数はエルミート多項式で表される．もしも，平衡構造から大きく変化させるとどうなるだろうか．やがて，BH_3 分子の幾何学的構造（I 巻 §16・5 参照）と同じように平面分子になる（図 15・5）．BH_3 分子では非共有電子対がないので反発がなく，平面分子が最も安定である．しかし，NH_3 分子には非共有電子対があるので，エネルギーが高くて不安定である〔原子価殻電子反発則（I 巻 §17・4）参照〕．3 個の H 原子を平面からさらに大きく変化させると，非共有電子対と共有電子対の反発は小さくなり，やがて，もとの NH_3 分子を鏡に映した形になる．もとの NH_3 分子と形が同じだから，エネルギーも同じで安定である．

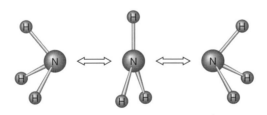

図 15・5　NH_3 分子の対称変角振動（反転運動）

対称変角振動（基準振動 2）のポテンシャルエネルギーの様子を図 15・6 に示す*．横軸には 3 個の H 原子がつくる正三角形の重心と N 原子の距離（z と

---

* 実際には，ポテンシャルは四つの基準座標の変位を変数とする多次元空間で描く必要がある．図 15・6 は対称変角振動（基準振動 2）に関するポテンシャルの断面（2 次元）の図である．

する)をとった.これは対称変角振動の角度に対応している($z=0$ が平面分子を表す).NH_3 分子は正三角錐の平衡構造が最も安定なので,そのエネルギーを基準の 0 に選んだ.ただし,すでに §4・4 で説明したように,分子の振動運動は絶対零度でも止まることはなく,零点振動がある.零点振動のエネルギーは (14・40) 式で $i=1, 2, 3, 4$ として,すべての振動の量子数 (v_1, v_2, v_3, v_4) に 0 を代入すれば,

$$E_{振動}(波数) = \frac{1}{2} \{\nu_{e(1)} + \nu_{e(2)} + 2\nu_{e(3)} + 2\nu_{e(4)}\} \qquad (15・6)$$

となる.ただし,縮重した基準振動 3 (ν_{asym}) と基準振動 4 (θ_{asym}) は自由度が 2 なので,係数 2 を掛け算した.

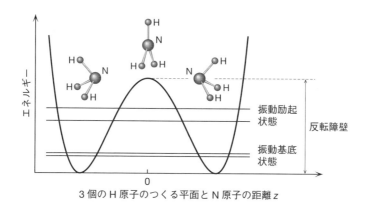

図 15・6 NH_3 分子の反転運動のポテンシャルエネルギー

ポテンシャルエネルギーには対称的に極小値が二つあるので,対称二極小ポテンシャルという.平面 ($z=0$) で分子のエネルギーは高く,このポテンシャルの山を反転障壁という (I 巻 §19・1 の回転障壁を参照).振動基底状態 ($v_1=0, v_2=0, v_3=0, v_4=0$) は,反転障壁の山よりもかなり低いので調和振動子近似で説明でき,反転障壁の影響は小さい.しかし,対称変角振動 (基準振動 2) の振動励起状態 ($v_1=0, v_2=1, v_3=0, v_4=0$) になって障壁の山の近くになると,反転障壁を挟んだ左側の分子の形の振動運動の波動関数と,右側の分子の形の振動運動の波動関数が重なる*.波動関数が重なるということ

---

* 共役二重結合の π 電子の波動関数が分子全体に広がるようなものである (I 巻 §19・5 参照).

は，分子の振動エネルギーが反転障壁の山よりも低いにもかかわらず，左右のどちらの状態になる確率があるということである．山を越えられないが，トンネルを掘って行き来するようなものなので，これをトンネル効果という．その結果，以下に説明するように，振動運動のエネルギー準位が分裂する．

15・5 トンネル効果

I巻§11・1で説明したように，H_2分子の波動関数を2個のH原子の波動関数の重なり（線形結合）で考えた．その結果，エネルギーの安定な結合性軌道と不安定な反結合性軌道ができた．この場合には反転障壁はないが，同様の波動関数の重なりをNH_3分子の反転運動でも考えることができる．反転障壁の左側の分子の形に関する振動運動の波動関数χ^Lと，右側の分子の形に関する振動運動の波動関数χ^Rが重なって，エネルギーの安定な対称な波動関数ψ^+と不安定な反対称な波動関数ψ^-ができる（図15・7）．

$$\psi^+ = \frac{1}{\sqrt{2}}(\chi^L + \chi^R) \tag{15・7}$$

$$\psi^- = \frac{1}{\sqrt{2}}(\chi^L - \chi^R) \tag{15・8}$$

係数の$1/\sqrt{2}$は規格化定数である．

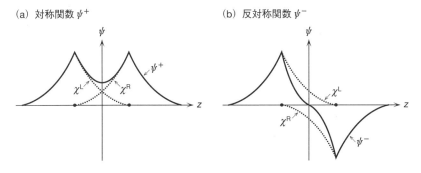

図15・7　反転運動の対称関数と反対称関数

どうして，反転障壁があるのに波動関数が重なるかというと，§4・4で説明したように，振動運動の波動関数は空間全体に広がっているからである（表4・2で指数関数のzが無限大でなければ，波動関数の値は0にはならない）．ただし，エネルギー準位からみて障壁の山が高いと，障壁を挟む二つの波動関数の

重なりは少ない.また,障壁の幅が広いと,二つの波動関数の重なりは少ない.つまり,対称二極小ポテンシャルでは,障壁の山の近くのエネルギー準位では波動関数の重なりが大きく,障壁から離れたエネルギー準位では波動関数の重なりが小さい.波動関数の重なりが大きければ安定なエネルギー準位は低くなり,不安定なエネルギー準位は高くなり,エネルギー準位の分裂幅は大きくなる.図15・6で振動基底状態($v_1=0$, $v_2=0$, $v_3=0$, $v_4=0$)のエネルギー準位(0状態とよぶ)は障壁の山から離れていて,しかも,障壁の幅も広いからエネルギー準位の分裂幅は小さい.一方,振動励起状態($v_1=0$, $v_2=1$, $v_3=0$, $v_4=0$)のエネルギー準位(1状態とよぶ)からみると障壁の山は低く,障壁の幅も狭いのでエネルギー準位の分裂幅も大きくなる.それぞれのエネルギー準位で,エネルギーの低い安定な準位(0^+状態と1^+状態とする)の波動関数が対称関数ψ^+であり,エネルギーの高い不安定な準位(0^-状態と1^-状態とする)の波動関数が反対称関数ψ^-である(図15・8).

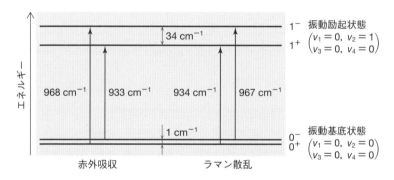

図 15・8　NH_3 分子の対称変角振動(基準振動 2)の遷移

赤外吸収やラマン散乱では,遷移する前後の波動関数の対称性によって禁制遷移になったり許容遷移になったりする.詳しいことは章末問題15・10の解答で遷移双極子モーメントを計算するが,$0^+ \Leftrightarrow 1^-$ および $0^- \Leftrightarrow 1^+$ の遷移が赤外活性かつラマン不活性,$0^+ \Leftrightarrow 1^+$ および $0^- \Leftrightarrow 1^-$ の遷移が赤外不活性かつラマン活性である.

NH_3 分子の対称変角振動(基準振動2)による赤外吸収バンドは二つに分裂し,0^+ 状態から 1^- 状態への遷移が $968\,\text{cm}^{-1}$ に,0^- 状態から 1^+ 状態への遷移が $933\,\text{cm}^{-1}$ に観測される.一方,ラマン散乱バンドは $934\,\text{cm}^{-1}$ と $967\,\text{cm}^{-1}$

に観測される．計算するとすぐにわかるが，振動基底状態のエネルギーの分裂幅は $1\,\mathrm{cm}^{-1}$，振動励起状態のエネルギーの分裂幅は $34\,\mathrm{cm}^{-1}$ である．なお，対称変角振動以外の振動励起状態のエネルギー準位は，反転運動に関与しないので分裂しない．したがって，たとえば，対称伸縮振動（$v_1=0, v_2=0, v_3=0, v_4=0$）→（$v_1=1, v_2=0, v_3=0, v_4=0$）は振動基底状態のエネルギー分裂幅（$1\,\mathrm{cm}^{-1}$）が赤外吸収スペクトルに反映される．その結果，対称伸縮振動に関する赤外吸収バンドが $3337\,\mathrm{cm}^{-1}$ と $3336\,\mathrm{cm}^{-1}$ に観測される（表 15・2）．

章末問題

15・1 C_{3v} 点群で，恒等操作 $\hat{E}\,(=\hat{C}_3{}^3)$ と回転操作 $\hat{C}_3{}^1$ と $\hat{C}_3{}^2$ が部分群（群の中の一部の群）をつくることを表で示せ．

15・2 C_{3v} 点群で，三つの鏡映操作 $\hat{\sigma}_v$ を任意に2回行うと，恒等操作 $\hat{E}$，回転操作 $\hat{C}_3{}^1$ あるいは $\hat{C}_3{}^2$ と同じになることを表で示せ．

15・3 図 13・5 を参考にして，C_{3v} 点群の回転運動 R_z が A_2 対称性になることを確認せよ．

15・4 NH_3 分子の三つの分子内座標の変角振動を考える．行列を使って対称振動に変換する式を求めよ．

15・5 NH_3 分子の対称伸縮振動と逆対称伸縮振動で，結合モーメントの変化と誘起電気双極子モーメントの関係を分子軸方向から見た図で示せ．

15・6 NH_3 分子の NH 伸縮振動の振動数は H_2O 分子の OH 伸縮振動の振動数よりも低い．その理由を二原子分子 NH と OH で考察せよ．質量の違いか，電気陰性度の違い（力の定数の違い）かを考える．

15・7 図 15・4 の NH_3 分子では逆対称変角振動が現れている．H_2O 分子ではどうして逆対称変角振動が現れないのか．

15・8 トンネル効果による ND_3 分子のエネルギー分裂幅は，NH_3 分子に比べて大きいか小さいか．

15・9 図 15・6 を参考にして，対称伸縮振動のエネルギー準位を描け．

15・10 0^+ 状態または 0^- 状態から 1^+ 状態または 1^- 状態への遷移双極子モーメントを式で表し，選択則を調べよ．

16
炭化水素の振動スペクトル

　　CH$_4$分子の振動運動の自由度は9である．しかし，対称性がよく，多くの振動運動は縮重して，赤外吸収スペクトルには2種類の吸収バンドしか現れない．しかし，H原子を同位体のD原子で置換すると対称性が悪くなり，吸収バンドの種類が増える．また，ベンゼン（C$_6$H$_6$分子）は30の振動運動のうち4種類の赤外吸収バンドが現れる．

16・1　CH$_4$分子の対称要素

　　CH$_4$分子の4個のH原子は正四面体をつくり，その中心にC原子がある（I巻§17・2参照）．まずはCH$_4$分子の対称要素を調べる．図16・1に示したように，立方体の中心にC原子をおき，隣り合わない立方体の頂点に4個のH原子を配置するとわかりやすい．たとえば，上面の正方形の中心と下面の正方形の中心を結ぶ軸が回転軸 C_2 である〔図16・1(a)〕．回転軸のまわりに180°（=360°/2）回転すると，中心のC原子は動かず，すべてのH原子は反対側のH原子の位置に移動して，もとの形と変わらない．立方体には3組の向かい合

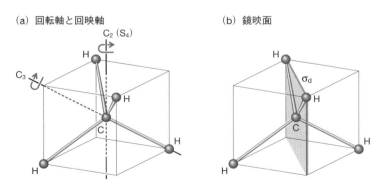

図 16・1　CH$_4$分子の対称要素（代表的な例）

16・1 CH₄ 分子の対称要素

う正方形の面があるので，三つの回転軸 C_2 がある．さらに，H 原子と C 原子を結ぶ軸は回転軸 C_3 である．前章の NH_3 分子の回転軸 C_3 を思い出せばよい．H 原子の数は 4 だから，CH₄ 分子には四つの回転軸 C_3 がある．

　CH₄ 分子の対称要素には回映軸 S_4 がある．回映軸 S_4 とは，回転軸のまわりに 90°（= 360°/4）回転し，さらに，その軸に垂直な面で鏡映すると，もとの形と同じになる対称要素のことである．たとえば，上面の正方形と下面の正方形の中心を結ぶ回転軸は，90°（= 360°/4）回転しても H 原子は別の H 原子の位置には動かないが，さらに回転軸に垂直な面で鏡映すると，もとの形と同じになる．このような対称要素を回映軸 S_4 という．回映軸 S_4 を対称操作の掛け算で表せば，$\hat{S}_4 = \hat{\sigma}\hat{C}_4$ となる．回映操作 $\hat{S}_4$ を 2 回行うと，$\hat{C}_4$ を 2 回，鏡映操作 $\hat{\sigma}$ を 2 回行うことになる．$\hat{\sigma}^2$ は恒等操作 $\hat{E}$ だから，$\hat{S}_4{}^2 = \hat{C}_4{}^2 = \hat{C}_2{}^1$ となる．回転軸や回映軸が 2 種類以上ある分子では，C_n または S_n の n が大きいほうが分子軸になるので，CH₄ 分子の分子軸は回映軸 S_4（回転軸 C_2 でもある）となる．回映軸 S_4 は三つあるが，どれを分子軸にとっても構わない．

　回転軸と回映軸のほかに，上面の対角線と下面の対角線をつなぐ鏡映面がある〔図 16・1(b)〕．2 個の H 原子は鏡映面のなかにあり，鏡映操作をしても動かない．残りの 2 個の H 原子は鏡映面に対して対称的な位置にあるので，鏡映操作を行うと，もとの形と同じになる．鏡映面は三つの回映軸 S_4 のうち二つの回映軸 S_4 を斜めに横切るので σ_d とよばれる．正方形の対角線は二つあり，向かい合う正方形の組は三つなので，鏡映面 σ_d の数は 6（= 2×3）になる．以上のような対称要素の集合を T_d 点群という．T は四面体（tetrahedron）の頭文字，添え字の d は鏡映面 σ_d を含むことを表す．恒等操作 $\hat{E}$ を含めて，T_d 点群の指標表を表 16・1 に示す（章末問題 16・2）．マリケンの E 対称性は二重の縮重，T 対称性は三重の縮重を表す（§15・1 の脚注参照）．対称操作 $\hat{S}_4$ の結果で 1 か 2 をつける．

表 16・1　T_d 点群の指標表

対称性	$\hat{E}$	$8\hat{C}_3$	$3\hat{C}_2$	$6\hat{S}_4$	$6\hat{\sigma}_d$	ベクトル	テンソル
A_1	1	1	1	1	1		$x^2+y^2+z^2$
A_2	1	1	1	−1	−1		
E	2	−1	2	0	0		$(2z^2-x^2-y^2, x^2-y^2)$
T_1	3	0	−1	1	−1	(R_x, R_y, R_z)	
T_2	3	0	−1	−1	1	(x, y, z)	(xy, xz, yz)

16・2　CH_4 分子の赤外吸収スペクトル

CH_4 分子の原子数は 5 であり非直線分子だから，その振動運動の自由度は $5\times 3-6=9$ である．九つもの振動運動があると，測定される赤外吸収スペクトルはかなり複雑になると思うかもしれない．しかし，図 16・2 に示すように，CH_4 分子の赤外吸収スペクトルの複雑さは，これまでに示した H_2O 分子や NH_3 分子の赤外吸収スペクトルとほとんど変わらない．その理由は CH_4 分子の振動運動の対称性が T_d 点群に属するためである．

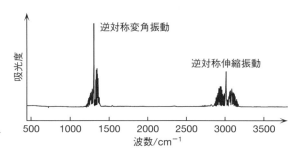

図 16・2　CH_4 分子の赤外吸収スペクトル

H_2O 分子や NH_3 分子の対称振動から類推できるので詳しいことは省略するが，CH_4 分子の九つの対称振動は，対称伸縮振動，三重に縮重した逆対称伸縮振動，二重に縮重した対称変角振動，三重に縮重した逆対称変角振動である（図 16・3）．振動運動の自由度の合計は $1+3+2+3=9$ になる．分子内座標で表した四つの伸縮振動（$\Delta r_1, \Delta r_2, \Delta r_3, \Delta r_4$）は，図 16・3(a) の対称伸縮振動 ν_{sym} と図 16・3(b) の縮重した三つの逆対称伸縮振動（$\nu_{asym(1)}, \nu_{asym(2)}, \nu_{asym(3)}$）

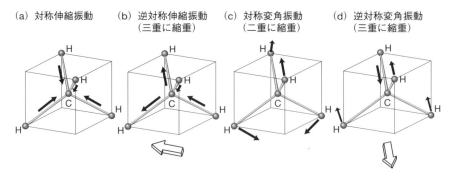

図 16・3　CH_4 分子の伸縮振動と変角振動（縮重した振動は代表的な例）

に直交変換できる（章末問題 16・3）．六つの変角振動（$r_e\Delta\theta_1$, $r_e\Delta\theta_2$, $r_e\Delta\theta_3$, $r_e\Delta\theta_4$, $r_e\Delta\theta_5$, $r_e\Delta\theta_6$）*には一つの束縛条件があるので（§15・2 参照），五つの変角振動（二重に縮重した対称変角振動と三重に縮重した逆対称変角振動）に直交変換できる〔図16・3(c)と(d)〕．対称伸縮振動（A_1 対称性）は電気双極子モーメントが誘起されないので赤外不活性である．同様に二重に縮重した対称変角振動（E 対称性）も赤外不活性である．一方，三重に縮重した逆対称伸縮振動（T_2 対称性）と逆対称変角振動（T_2 対称性）は，電気双極子モーメントが誘起されるので赤外活性である（指標表16・1のベクトル欄を参照）．縮重した対称振動は同じエネルギーの赤外線を吸収するから，結局，CH_4 分子は逆対称伸縮振動と逆対称変角振動の2種類の吸収バンドのみが現れる．表16・2に振動運動と振動数（単位は波数 cm^{-1}）を示す．なお，表16・1の指標表のテンソル欄をみるとわかるように，すべての振動運動（A_1, E, T_2）はラマン活性である．

表 16・2 　CH_4 分子の振動運動と振動数

対称性	振動の種類	自由度	赤外吸収	振動数/cm^{-1}	ラマン散乱	振動数/cm^{-1}
A_1	対称伸縮振動	1	不活性	—	活性	2917
E	対称変角振動（縮重）	2	不活性	—	活性	1534
T_2	逆対称伸縮振動（縮重）	3	活性	3019	活性	3019
T_2	逆対称変角振動（縮重）	3	活性	1306	活性	†

† 弱くて観測できない．

16・3　CH_2D_2 分子の振動運動と対称性

図 16・1 の下の正方形の頂点にある 2 個の H 原子が D 原子で置換された同位体種 CH_2D_2 の対称要素は CH_4 分子に比べてかなり減る（図 16・4）．たとえば，回映軸 S_4 は回映操作をすると H 原子と D 原子が入れ替わるので対称要素ではない．一方，垂直方向の回転軸 C_2，2 個の H 原子と C 原子を含む鏡映面（σ_v とする），2 個の D 原子と C 原子を含む鏡映面（σ_v' とする）は対称要素として残る．これは H_2O 分子の対称性（C_{2v} 点群）と同じである（§13・3 参照）．

CH_2D_2 分子の対称振動をどのように考えたらよいだろうか．とりあえず，CH_2

---

* ここでは結合角 θ_{HCH} の変位を分子内振動とする．4 個の H 原子から 2 個を選ぶ組合わせは $_4C_2=6$ とおりである．

174   16. 炭化水素の振動スペクトル

部分と CD₂ 部分を分けて考える．CH₂ 部分は H₂O 分子と同じ形だから，対称伸縮振動 $\nu_{\text{sym(H)}}$ と逆対称伸縮振動 $\nu_{\text{asym(H)}}$ と変角振動 $\nu_{\text{bend(H)}}$ があるはずである〔下付きの (H) は CH₂ 部分を表す〕．ただし，変角振動については注意が必要である．H₂O 分子と異なり，CH₂D₂ 分子の CH₂ 部分は CD₂ 部分で固定され

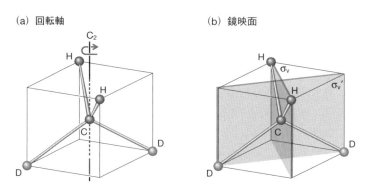

図 16・4　CH₂D₂ 分子の CH₂ 部分の対称要素

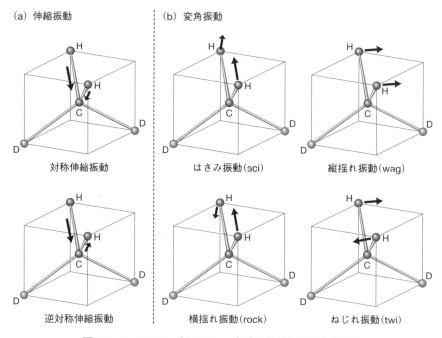

図 16・5　CH₂D₂ 分子の CH₂ 部分の伸縮振動と変角振動

16・3 CH_2D_2 分子の振動運動と対称性

ている．どういうことかというと，H_2O 分子では結合角が大きくなったり小さくなったりする変角振動（はさみ振動 $\nu_{sci(H)}$，英語で scissoring）だけを考えたが，CH_2D_2 分子の CH_2 部分では結合角が変わらなくても，CH_2 部分全体が傾く三つの変角振動がある．これらは H_2O 分子の三つの回転運動に相当する．CH_2 面内で傾く振動を横揺れ振動（$\nu_{rock(H)}$，英語で rocking），CH_2 面に垂直な方向に傾く振動を縦揺れ振動（$\nu_{wag(H)}$，英語で wagging），C_2 回転軸に対してねじれる振動をねじれ振動（$\nu_{twi(H)}$，英語で twisting）という．

CD_2 部分も全く同様に六つの対称振動を考えることができる．そうすると，CH_2D_2 分子の振動運動は合計で 12 種類になってしまう．CH_2D_2 分子の原子数は 5 だから，振動運動の自由度は CH_4 分子と同じ 9 になるはずである．どうして自由度が三つ多いかというと，分子全体の回転運動が三つ含まれるからである．CH_2 部分と CD_2 部分の変角振動を一緒に考えてみよう．たとえば，C 原子から見て右まわりのねじれ振動を正の値にとると，$\nu_{twi(H)}+\nu_{twi(D)}$ は振動運動であるが，$\nu_{twi(H)}-\nu_{twi(D)}$ は CH_2 部分と CD_2 部分が同じ方向にねじれるので分子全体の回転運動になる．同様に $\nu_{rock(H)}+\nu_{wag(D)}$ と $\nu_{wag(H)}+\nu_{rock(D)}$ は振動運動であるが，$\nu_{rock(H)}-\nu_{wag(D)}$ と $\nu_{wag(H)}-\nu_{rock(D)}$ は分子全体の回転運動になる．

振動運動の対称性については H_2O 分子と同様に考えればよい（§ 13・5 参照）．対称伸縮振動〔$\nu_{sym(H)}$ と $\nu_{sym(D)}$〕，はさみ振動〔$\nu_{sci(H)}$ と $\nu_{sci(D)}$〕は A_1 対称性である．CH_2 部分を xz 平面内におくと逆対称伸縮振動〔$\nu_{asym(H)}$〕は B_1 対称性である．一方，CD_2 部分は yz 平面内におかれるので，逆対称伸縮振動

表 16・3 CH_2D_2 分子の振動運動と振動数

対称性	振動の種類	赤外吸収	振動数/cm^{-1}
A_1	$\nu_{sym(H)}$	活性	2974
A_1	$\nu_{sym(D)}$	活性	2202
A_1	$\nu_{sci(H)}$	活性	1436
A_1	$\nu_{sci(D)}$	活性	1033
A_2	$\nu_{twi(H)}+\nu_{twi(D)}$	不活性	†
B_1	$\nu_{asym(H)}$	活性	3013
B_1	$\nu_{rock(H)}+\nu_{wag(D)}$	活性	1090
B_2	$\nu_{asym(D)}$	活性	2234
B_2	$\nu_{wag(H)}+\nu_{rock(D)}$	活性	1234

† $\nu_{wag(H)}+\nu_{rock(D)}$ との相互作用で 1333 cm^{-1} に観測される．

〔$\nu_{asym(D)}$〕は B_2 対称性である．そのほかの変角振動の対称性は C_{2v} 点群の指標表（表 13・3）の回転運動（R_x, R_y, R_z）の対称性を参考にすればよい（章末問題 16・5）．たとえば，回転運動 R_z と同じねじれ振動〔$\nu_{twi(H)}$ と $\nu_{twi(D)}$〕は，A_2 対称性なので赤外不活性である（章末問題 16・6）．結果を表 16・3 にまとめる．なお，CH_2 部分を xz 平面ではなく yz 平面におけば，B_1 対称性と B_2 対称性は逆になる．表 13・3 の指標表の $\hat{\sigma}_{v(xz)}$ と $\hat{\sigma}_{v(yz)}$ の欄を交換することになるからである（A_1 対称性と A_2 対称性は交換しても変わらない）．

16・4 ベンゼン分子の振動運動

ベンゼン分子は 6 個の H 原子も 6 個の C 原子も正六角形をした分子である．対称要素を図 16・6 に示す．正六角形の中心で分子面に垂直に回転軸 C_6 がある．回転軸 C_6 のまわりに 60°（= 360°/6）回転すれば，H 原子も C 原子も隣の原子の位置に移動し，もとの形のままである．向かい合う 2 個の C 原子を結ぶ軸が回転軸 C_2 である．回転軸 C_2 のまわりに 180°（= 360°/2）回転すれば，軸上の 2 個の H 原子と 2 個の C 原子は動かないが，残りの 4 個の H 原子と 4 個の C 原子は向かい合う H 原子と C 原子の位置に移動し，もとの形のままである．また，CC 結合の中点と向かい合う CC 結合の中点を結ぶ軸も回転軸 C_2 である．この回転軸 C_2 のまわりに 180°（= 360°/2）回転すれば，すべての原子が向かい合う H 原子または C 原子の位置に移動し，もとの形のままである．2 種類の回転軸 C_2 を区別するために，C_2' と C_2'' と名づける．C_2' も C_2'' もそれぞれ三つある．

回転軸 C_2' と C_6 を含む面が鏡映面である．分子面に垂直な鏡映面なので σ_v

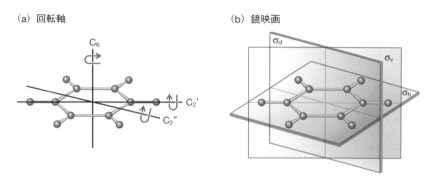

図 16・6 ベンゼン分子の対称要素（代表的な例）

16・4 ベンゼン分子の振動運動

である.鏡映面 σ_v も三つある.同様に,回転軸 C_2'' と C_6 を含む面も鏡映面である.初めに定義した鏡映面 σ_v に対して斜めなので σ_d である.鏡映面 σ_d も三つある.また,すべての原子が分子面内にあるので,分子面も鏡映面である.この鏡映面は分子面に水平なので σ_h である(§13・3参照).

正六角形の中心には対称心 i がある(I 巻§12・5参照).対称心に関する対称操作を反転操作 $\hat{i}$ といい,座標 (x, y, z) を座標 $(-x, -y, -z)$ にする操作である*.ベンゼン分子に反転操作を行うと,すべての H 原子と C 原子が向かい側の位置に移動して,もとの形と変わらないので,正六角形の中心に対称心があることがわかる.そのほかにも回映軸などの対称要素もある.ベンゼン分子の対称性は D_{6h} 点群に属する.分子軸である回転軸 C_n に直交する n 個の回転軸 C_2 がある場合に D と名づける.D_{6h} 点群の指標表は複雑なので省略する.

ベンゼン分子の原子数は 12 なので,振動運動の数は $12 \times 3 - 6 = 30$ である.すべての対称振動を書くにはたくさんのスペースが必要なので,ここでは電気双極子モーメントが誘起される赤外活性な対称振動のみを図 16・7 に示す.逆対称 CC 伸縮振動〔図 16・7(b)〕では CC 結合に電荷の偏りがないが,C 原子

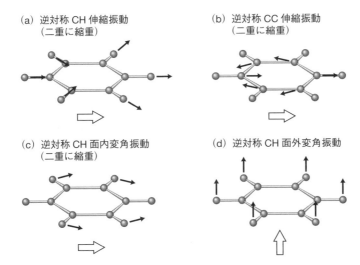

図 16・7 ベンゼン分子の赤外活性な振動運動(縮重した振動は代表的な例)

---

* マリケンの対称性の名前で,反転操作で向きが変わらなければ g をつけ,向きが変われば u をつける(§9・4参照).

が動くと必ず H 原子も動いて電荷の偏りができるので，これを結合モーメントとして代表的なものを示した．結合モーメントが結合軸から傾いている理由も H 原子が動いているためである．また，逆対称 CC 伸縮振動では CC 結合距離が変わると必ず CCC 結合角も変わるので，逆対称 CCC 変角振動でもある．つまり，一つの対称振動の名前で基準振動を表すことには無理がある．

16・5　ベンゼン分子の赤外吸収スペクトル

縮重した逆対称 CH 伸縮振動〔図 16・7(a)〕は約 3000 cm^{-1} 付近に現れる．そのほかの振動運動の赤外吸収バンド（500〜1700 cm^{-1}）を図 16・8 に示す．縮重した逆対称 CC 伸縮振動（1500 cm^{-1} 付近）と縮重した逆対称 CH 面内変角振動（1000 cm^{-1} 付近）に比べて，逆対称 CH 面外変角振動（670 cm^{-1} 付近）はとても吸収が強い．逆対称 CH 面外変角振動では，図 16・7(d) に示すように，すべての結合モーメントの変化の方向がそろっていて，誘起電気双極子モーメントが大きいからである（§15・3 脚注参照）．

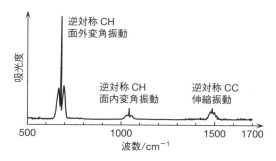

図 16・8　ベンゼン分子(気体中)の赤外吸収スペクトル
（CH 伸縮振動の領域は省略）

図 16・8 をみるとわかるように，気体の赤外吸収バンドは複雑な振動回転スペクトルである（H$_2$O 分子や NH$_3$ 分子なども同じ）．スペクトルを拡大して丁寧に解析すれば，二原子分子の場合と同様に振動数（中心波数）を決定できる．しかし，よほど高分解の装置を使わないと無理である．もっと簡単に，多原子分子の振動数を求める実験方法はないだろうか．

複雑な赤外吸収スペクトルが観測される原因は，§2・4 で説明したボルツマン分布則に従って，分子がさまざまな回転エネルギー準位の状態になっている

からである．もしも，分子を絶対零度に冷やせば，すべての分子は回転運動が止まって，回転エネルギーの最も低いエネルギー準位（回転の量子数 $J''=0$）の状態になるはずである．そうすると，$J''=0$ からの振動遷移しか観測されないので，とてもシンプルなスペクトルになるはずである．ただし，ベンゼンをそのまま絶対零度に冷やしても無理である．気体中のベンゼン分子は分子間相互作用することなく自由に運動しているが，固体中のベンゼン分子はすぐそばに別のベンゼン分子がいるので，分子間相互作用のためにエネルギー固有値がゆらぐ（エネルギー準位に幅ができるという意味）．さらに，固体中のベンゼン分子は分子間相互作用が等方的でないために正六角形（D_{6h} 点群）にならない．そうすると，D_{6h} 点群の対称性では赤外不活性だった対称振動の吸収バンドも現れて，赤外吸収スペクトルはかえって複雑になる．

固体の状態で必ず考慮しなければならない分子間相互作用を取除き，しかも，分子を極低温にする方法がある．まず，高真空中で極低温（～10 K）の基板を用意する．高真空にしないと空気が凍りついてしまって困るからである．基板には，たとえば，ヨウ化セシウム板のように赤外線を透過する材質のものを選ぶ．そこに，わずかなベンゼンの蒸気をアルゴンガスに混ぜて，ゆっくりと吹き付ける．そうすると，アルゴン固体中にベンゼン分子が埋込まれたような状態になる．どうして，アルゴン固体中に埋込むかというと，不活性なアルゴン原子とベンゼン分子の相互作用は，ベンゼン分子どうしの相互作用に比べれば無視できるほど小さいからである．もしも，アルゴンとベンゼンを 1000：1 の希釈率で混ぜたとすると，1辺に10個のアルゴン原子を並べた立方体の中心に1個のベンゼン分子が存在することになる．ベンゼン分子とベンゼン分子の間には平均して10個のアルゴン原子が存在することになり，もはやベンゼン分子どうしの相互作用を無視できる．つまり，アルゴン固体中のベンゼン分子のエネルギー準位は，気体中のベンゼン分子のエネルギー準位とほとんど変わらない*．アルゴン固体中のベンゼン分子の赤外吸収スペクトルを図 16・9 に示す．図 16・8 の気体の赤外吸収スペクトルと異なり，それぞれの吸収バンドの幅が狭くなり，それぞれの振動数を容易に求めることができる．

---

* 貴ガスや窒素ガスなどの不活性ガスに極わずかな気体分子を混ぜて，極低温に凍結させる方法を低温マトリックス単離法という．分子はまわりから影響を受けない孤立した状態になり，分子本来のスペクトルを与える．また，反応中間体やラジカルなど不安定な分子種も安定に存在させることができ，光反応過程を解明するためにさまざまな分子分光法で応用されている．

16. 炭化水素の振動スペクトル

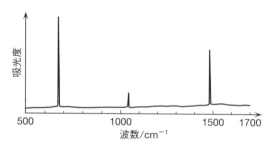

図 16・9 ベンゼン分子(アルゴン固体中)の赤外吸収スペクトル

章末問題

16・1 T_d 点群で回映操作 $\hat{S}_4{}^3$ を回転操作 $\hat{C}_4$ と鏡映操作 $\hat{\sigma}$ で表せ.

16・2 表 16・1 の T_d 点群の指標表では対称操作に係数が書いてある. $8\hat{C}_3$ の係数 8 および $6\hat{S}_4$ の係数 6 にはどのような意味があるか.

16・3 CH_4 分子の四つの対称振動 (ν_{sym}, $\nu_{asym(1)}$, $\nu_{asym(2)}$, $\nu_{asym(3)}$) を四つの分子内座標の伸縮振動 (Δr_1, Δr_2, Δr_3, Δr_4) で表す変換行列を求めよ.

16・4 CH_2D_2 分子の九つの対称振動はラマン活性か, ラマン不活性か. 表 13・3 の指標表で確認せよ.

16・5 CH_2D_2 分子の分子軸が z 軸に, CH_2 部分が xz 平面にあるとする. 三つの変角振動 ($\nu_{rock(H)}$, $\nu_{wag(H)}$, $\nu_{twi(H)}$) は H_2O 分子のどの回転運動 (R_x, R_y, R_z) に対応するか.

16・6 図 13・5 を参考にして, CH_2D_2 分子の $\nu_{twi(H)}+\nu_{twi(D)}$ が A_2 対称性であることを確認せよ.

16・7 CH_3D 分子および CHD_3 分子の対称要素の集合の点群は何か.

16・8 D_{6h} 点群で, 回転軸 C_6 は回映軸 S_6 でもある. 回映操作 $\hat{S}_6{}^1$ を回転操作と鏡映操作で表せ. また, $\hat{S}_6{}^2$ および $\hat{S}_6{}^3$ を別の対称操作で表せ.

16・9 ベンゼン分子の逆対称 CH 面外変角振動が A_{2u} の対称性になることを確認せよ. §16・4 の脚注を参照. なお, 対称操作 $\hat{C}_2{}'$ の結果で 1 か 2 をつける.

16・10 液体と気体のベンゼンの赤外吸収スペクトルの違いを説明せよ.

17
共役二重結合の電子スペクトル

> 共役二重結合をもつ分子はπ電子が可視光線や紫外線を吸収する．電磁波を吸収した分子が電子励起状態になると，エネルギーを捨てるために蛍光を放射する．また，一重項から三重項に項間交差した後にりん光を放射する．ここでは芳香族化合物の電子遷移による吸収スペクトル，蛍光スペクトル，りん光スペクトルなどを説明する．

17・1 π電子のエネルギー準位

ベンゼン分子のC原子は二重結合と単結合が交互に結合する．このような結合を共役二重結合という．共役二重結合ではすべてのC原子の2p軌道の波動関数が重なるので，二重結合と単結合の区別がなくなり，ベンゼン分子は正六角形となる（I巻§20・5）．6個のC原子のそれぞれの2p軌道の電子（π電子）は，ベンゼン環のどこにでも存在する．π電子のエネルギー固有値 $E_{電子}$ は，半径 R で自由に回転運動する粒子として近似すると，

$$E_{電子} = \frac{h^2}{8\pi^2 m_e R^2} n^2 \qquad (17・1)$$

となる〔I巻(20・42)式参照〕．ここで，h はプランク定数，m_e は電子の質量，R はベンゼン環の半径，n は量子数であり，0, ±1, ±2, …… という整数の値をとる．π電子の分子軌道（π軌道）で，最も低いエネルギー準位の固有値は，(17・1)式に $n=0$ を代入して $E_{電子}=0$ となる（図17・1）．次にエネルギーの低いエネルギー準位の固有値は，$n=\pm 1$ を代入して $E_{電子}=h^2/8\pi^2 m_e R^2$ となる．このエネルギー準位は二重に縮重する．

6個の電子をπ軌道に配置すると，図17・1のようになる．電子にはスピン角運動量があり，その量子数 s は1/2であり，また，その磁気量子数 m_s は +1/2 または -1/2 の可能性がある．しかし，電子はフェルミ粒子であるため

にパウリの排他原理という厳しい条件があり，同じπ軌道の2個の電子のスピン角運動量 s は逆を向かなければならない（I巻§9・2参照）．そうすると，ベンゼン分子の6個のπ電子は，図17・1に示したように，最もエネルギーの低いπ軌道（$n=0$）に2個，次にエネルギーの低い縮重したπ軌道（$n=\pm 1$）に2個ずつが，スピン角運動量 s の向きを逆にして配置される．これがベンゼン分子の電子基底状態のπ電子の配置である．ベンゼン分子の電子基底状態のエネルギー $E_\text{電子}$ は，次のようになる．

$$E_\text{電子} = 2\times 0 + 2\times \left(2\times \frac{h^2}{8\pi^2 m_\text{e} R^2}\right) = \frac{h^2}{2\pi^2 m_\text{e} R^2} \qquad (17\cdot 2)$$

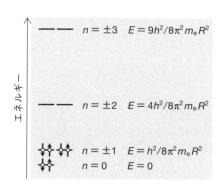

図 17・1 ベンゼン分子のπ電子の電子配置（電子基底状態）

ふつうの安定な多原子分子の電子数は偶数になっていて，すべての電子が対をつくる．その結果，電子のスピン角運動量は相殺され，分子の全スピン角運動量の量子数 S は 0（$=1/2-1/2$）となる．スピン多重度 $2S+1$ は $S=0$ を代入して1となる（I巻§9・3参照）．このような電子状態を一重項（singlet）といい，電子状態の記号をSと書く．全スピン角運動量の磁気量子数 M_S は，

$$M_S = -S, -S+1, \cdots, S-1, S \qquad (17\cdot 3)$$

で定義され，$S=0$ の場合には $M_S=0$ の1種類だから一重項という．電子基底状態の記号は S_0 と書く．添え字の0は一重項で最も安定な電子状態，つまり，電子基底状態を表す．

17・2　2種類の電子励起状態

もしも，ベンゼン分子が量子数 $n=\pm 1$ のエネルギー準位のエネルギーと，

17・2 2種類の電子励起状態

$n = \pm 2$ の準位のエネルギー差に等しいエネルギーをもつ電磁波を吸収すると，1個の電子が $n = \pm 1$ のエネルギー準位から $n = \pm 2$ の準位に遷移する．電子は遷移するときに，ふつうはスピン角運動量の向きを変えない（§9・4参照）．この場合の電子配置は図 17・2(a) のようになる．$n = \pm 1$ のエネルギー準位の4個のどの π 電子が遷移しても同じであり，図 17・2(a) では一つの例を示す．この電子配置の電子励起状態は電子基底状態と同様に，スピン角運動量は相殺されて，その量子数 S は 0 となり，一重項である．一重項の電子励起状態のなかで，最もエネルギーが低いので S_1 と書く．

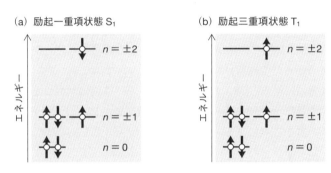

図 17・2 ベンゼン分子の π 電子の電子配置（電子励起状態）

原子の場合には，電子のスピン角運動量の向きが遷移によって変わることはない．しかし，分子は振動運動や回転運動などをしていて，電子のスピン角運動量の向きが変わることもある．その場合の電子配置を図 17・2(b) に示す．$n = \pm 1$ のエネルギー準位の対になっていない電子（不対電子）のスピン角運動量の向きと，$n = \pm 2$ のエネルギー準位の不対電子のスピン角運動量の向きが同じなので，全スピン角運動量の量子数 S は 1（= 1/2+1/2）となる．そうすると，全スピン角運動量の磁気量子数 M_S は $S = 1$ を (17・3) 式に代入して，$M_S = -1, 0, +1$ の 3 種類が可能になる．このような電子状態を三重項 (triplet) という（I巻 §9・3 参照）．電子状態の記号を T_1 と書く．添え字の 1 は三重項のなかで最もエネルギーが低いことを表す．

図 17・2 の電子配置では S_1 状態も T_1 状態もエネルギーは同じであるように描いた．しかし，スピン-軌道相互作用やスピン-スピン相互作用などを考慮すると，二つの電子励起状態のエネルギーには差がある．どちらの電子状態のエネルギーが低いかというと，一重項よりも三重項のほうが低い．これはフント

の規則の結果の一つである（I巻§9・4参照）．

　ベンゼン分子のような安定な分子の電子状態について，エネルギー準位を図で描くと図17・3のようになる．電子基底状態S_0のエネルギー準位を横に長く描いたが物理的な意味はない．単に，電子状態間の遷移の説明をわかりやすくするためである（I巻§2・2参照）．また，原子の場合には振動運動も回転運動もないので，それぞれのエネルギー状態を1本の線で描くが，分子の場合にはそれぞれの電子状態が無数のエネルギー準位でできている（§8・4参照）．図17・3ではほんの一部の振動運動のエネルギー準位を描いた．振動運動のエネルギー準位は，さらに無数の回転運動のエネルギー準位でできている．原理的には振動運動および回転運動のエネルギー準位は電子基底状態にも電子励起状態にもある（8章参照）．したがって，図17・3の縦軸のスケールでは，エネルギー準位がほとんど連続的になるといっても過言ではない．ただし，分子はボルツマン分布則に従う（§2・4参照）．エネルギー準位は無数にあるが，エネルギーの高い準位に分布する分子の確率は指数関数的に小さくなる．その結果，多原子分子の電子遷移によるスペクトルは連続スペクトルではなく，幅のある吸収バンドになる．

図 17・3　ふつうの安定な分子の電子状態

17・3　芳香族化合物の電子吸収スペクトル

　エネルギーを変えながら電磁波を分子に照射すると，電子遷移に伴う吸収スペクトル（電子吸収スペクトル）を測定できる．ベンゼン分子の電子吸収スペクトルを図17・4(a)に示す．横軸は電磁波の波長（$1\,\mathrm{nm} = 1\times 10^{-9}\,\mathrm{m}$），縦軸は吸光度である．エネルギーは波長の逆数に比例するので，横軸は右になるほどエネルギーが低くなる．電子吸収バンドは200〜280 nmの紫外線の領域に現

17・3 芳香族化合物の電子吸収スペクトル

れる．π軌道からπ*軌道への遷移なので，π→π*遷移あるいはππ*遷移という（*は励起状態の軌道を表す）．すでに述べたように，ふつうは電子遷移によってスピン角運動量の向きは変わらない．つまり，スピン多重度は変わらない．したがって，図17・4(a)の電子吸収スペクトルは$S_0 \rightarrow S_1$の許容遷移によるものである[*1]．吸収バンドはいくつかのピークでできているが，これらは電子振動遷移によるものである．電子基底状態の振動基底状態から電子励起状態のさまざまな振動基底状態や振動励起状態（倍音を含む）への遷移によるものである．一方，スピン角運動量の向きが変わる$S_0 \rightarrow T_1$は禁制遷移なので，この電子吸収スペクトルには現れない．

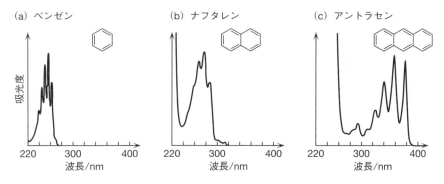

図 17・4　芳香族化合物の電子吸収スペクトル

　いくつかのベンゼン環が縮合して，大きな芳香族化合物になると共役二重結合が長くなる．その結果，π電子のエネルギー固有値は低くなる．(17・1)式で環の半径Rが大きくなると考えてもよい．エネルギー固有値$E_{電子}$は半径Rの2乗に反比例するからである．たとえば，2個のベンゼン環が縮合したナフタレン分子のπ→π*遷移に伴う電子吸収スペクトルを図17・4(b)に示す．ベンゼン分子の電子吸収は～270 nmであるが，ナフタレン分子の電子吸収では電磁波の波長は長く，～290 nmになる．つまり，ナフタレン分子の共役二重結合の長さはベンゼン分子よりも長く，π軌道とπ*軌道のエネルギー間隔が狭くなることがわかる．ただし，芳香環が縮合するとπ電子の数も増え，電子が配置される最も高いエネルギー準位の量子数nも大きくなるので，注意が必要である（章

[*1]　π→π*遷移は1個の電子の分子軌道の変化を表し，$S_0 \rightarrow S_1$はすべての電子を考慮した分子の電子状態の変化を表す．

末問題 17・5 と 17・6）．一般に，共役二重結合が長くなるにつれてエネルギー間隔も狭くなると考えてよい．図 17・4(c) には三つのベンゼン環が縮合したアントラセン分子の電子吸収スペクトルを示す．電子の吸収波長は 380 nm 付近まで長くなる．

ブタジエン分子やヘキサトリエン分子のように環をつくらない共役二重結合でも同様である．分子の形を直線であると近似して，さらに，1 次元の箱型ポテンシャル近似を使うと，共役二重結合の π 軌道のエネルギー固有値は，

$$E_{電子} = \frac{h^2}{8m_e L^2} n^2 \tag{17・4}$$

となる〔I 巻(20・30)式〕．ここで，L は π 電子が自由に動くことのできる共役二重結合の長さ，量子数 n は正の整数 1, 2, 3… である．(17・4)式をみるとわかるように，芳香族環と同様に，L が長くなるとエネルギー固有値は低くなる．ヘキサトリエン分子の電子配置を図 17・5 に示す．π 電子の数は 6 である．

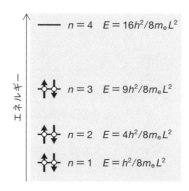

図 17・5　ヘキサトリエン分子の π 電子の電子配置（電子基底状態）

17・4　金属錯体の電子吸収スペクトル

共役二重結合がさらに長くなると，吸収される電磁波の波長はさらに長くなり，やがて，紫外線ではなく可視光線を吸収するようになる．たとえば，われわれの身体の中を流れている血液は赤色をしている．その原因は成分のヘモグロビンである．ヘモグロビンは鉄イオンを中心にポルフィリンが配位した金属錯体である〔図 17・6(a)〕．ポルフィリンとは，4 個のピロール環がメチリジン基＝CH－ を介して結合し，環状テトラピロールになった分子の誘導体の総称で

ある.共役二重結合がポルフィリン全体に広がっているだけではなく,さらに,中心の鉄イオンのd軌道の波動関数もπ軌道の波動関数と重なって,共役二重結合の一部となる.その結果,ヘモグロビンは紫外線だけではなく,一部の可視光線も吸収し,吸収されない可視光線(赤色)が人間の目に入って色がつく.

(a) 分子構造

(b) 電子吸収スペクトル

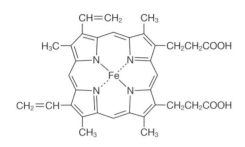 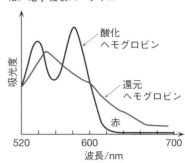

図 17・6 ヘモグロビンの分子構造と電子吸収スペクトル

同じ血液でも,動脈を流れる血液と静脈を流れる血液では色が異なる.動脈のヘモグロビンでは中心の鉄イオンに酸素が配位しているが,静脈のヘモグロビンは酸素と結合していない.前者を酸化ヘモグロビン,後者を還元ヘモグロビンという.酸化ヘモグロビンと還元ヘモグロビンの電子吸収スペクトルを図17・6(b)で比較する.どうして,電子吸収スペクトルが異なるかというと,酸化ヘモグロビンでは酸素が鉄イオンと配位結合することによって,鉄イオンのまわりのポルフィリンの共役二重結合に影響を及ぼしているからである.その結果,酸化ヘモグロビンと還元ヘモグロビンでは,π軌道のエネルギー準位もエネルギー間隔も異なり,吸収される電磁波の波長も異なる.酸化ヘモグロビンは約640 nmよりも長波長側の赤色の光を吸収せずに反射する.したがって,動脈の血液は鮮紅色に見える.一方,還元ヘモグロビンは約640 nmよりも長波長側の赤色の光も吸収する.つまり,ヘモグロビンによって反射する赤色の光の量が少なくなり,暗赤色になる.このように,電子吸収スペクトルを測定すると,動脈と静脈の血液の色の違いを理解できる*.

---

* 色の三原色,光の三原色などの説明については,中田宗隆著,"量子化学Ⅱ—分光学理解のための20章",東京化学同人 (2004) および中田宗隆著,"なっとくする機器分析",講談社サイエンティフィク (2007) を参照.

鉄イオンの代わりにマグネシウムイオンがポルフィリンに配位すると，ヘモグロビンとは全く異なる色を示す．たとえば，植物の葉に含まれるクロロフィルである．クロロフィルaの分子構造を図17・7(a)に示す．中心にマグネシウムイオンがあり，まわりにポルフィリンが配位していて，分子全体にπ軌道が広がっている．その結果，〜460 nm（青）の可視光線と 520 nm（黄）〜700 nm（赤）の可視光線を吸収する〔図17・7(b)〕．植物は吸収した可視光線を光合成に利用する．吸収されなかった緑色の光が反射されるので，人間の目には植物の葉が緑色に見える．

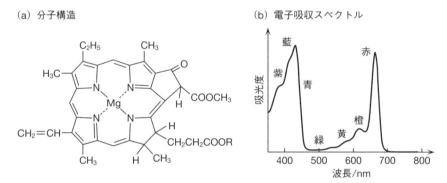

図 17・7 クロロフィル a の分子構造と電子吸収スペクトル

17・5 ベンゼン分子の電子発光スペクトル

電磁波を吸収すると（図17・8の過程①），分子（たとえば，S_1励起状態の分子）はどのようになるだろうか．エネルギーの高い電子励起状態だから，エネルギーを捨てて安定になろうとする．一つの方法は分子のなかの化学結合を切断したり，化学結合を組替えたりするエネルギーに使う．光のエネルギーを使う化学反応なので光反応という（過程②）．この場合にはもとの化合物とは別の化合物になる．もう一つの方法は光を放射してエネルギーを捨てる．つまり，発光である．分子は振動緩和（過程③）したあとに，一重項の電子励起状態 S_1 から同じ一重項の電子基底状態 S_0 に遷移し，そのエネルギー間隔に等しいエネルギーをもつ電磁波を放射する．これを蛍光という（過程④）．この場合にはもとの化合物のままである．蛍光のエネルギーは，吸収する電磁波のエネルギー（過程①）とだいたい同じである．ただし，二原子分子で説明したよ

17・5 ベンゼン分子の電子発光スペクトル

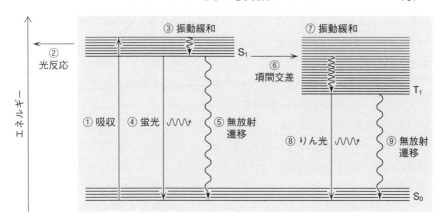

図 17・8　電子励起状態の分子のエネルギー放出の過程

うに（§9・2参照），電子励起状態と電子基底状態の平衡構造（結合距離や結合角）は大きく異なる．電子吸収スペクトルは電子基底状態の振動基底状態からの遷移であり，電子発光スペクトルは電子励起状態の振動基底状態からの遷移だから，当然，それぞれの遷移のエネルギーには少し差がある．たとえば，ベンゼン分子の蛍光スペクトルは 260〜320 nm に観測される．蛍光スペクトルの波長は図 17・4 の電子吸収スペクトル（200〜270 nm）に比べて，長波長側に約 50 nm シフトする（§8・4参照）．

　S_1 状態の振動エネルギー準位は S_0 状態の振動エネルギー準位と重なっている．S_1 状態の分子は S_0 状態の振動エネルギー準位に遷移し，吸収した光のエネルギーを振動運動のエネルギー（熱エネルギーと同じ）に変換して捨て，S_0 状態の振動基底状態に遷移する（過程 ⑤）．電磁波を放射せずに S_0 状態に戻るので，無放射遷移ともいう．

　S_1 状態の振動エネルギー準位は，S_0 状態の振動エネルギー準位のほかに，T_1 状態の振動エネルギー準位とも重なる．その結果，分子は S_1 状態から T_1 状態に遷移することもある（過程 ⑥）．これを項間交差という．一重項から三重項への遷移という意味である．もちろん，T_1 状態に遷移した分子は振動緩和によって T_1 状態の振動基底状態に遷移する（過程 ⑦）．そして，T_1 状態から S_0 状態に遷移するために電磁波を放射する．これをりん光という（過程 ⑧）．蛍光は電子スピン角運動量の向きを変える必要がない（$S_1 \to S_0$）ので，とても短い時間（$10^{-8} \sim 10^{-12}$ s）で放射される．一方，りん光は項間交差（$T_1 \to S_0$）の

ために電子スピンの角運動量の向きを変える必要があるので，時間（10^{-2}〜10^{-6} s）がかかる．T_1 状態から S_0 状態への無放射遷移の可能性もある（過程 ⑨）．

図 17・9(a) はベンゼン分子に励起光を照射しながら測定した電子発光スペクトルである．260〜320 nm に観測される蛍光スペクトルのほかに，330〜500 nm にりん光スペクトルが現れる．すでに説明したように，S_1 状態よりも T_1 状態のエネルギーのほうが低いから（S_0 状態に近いから），蛍光よりもりん光の波長のほうが長くなる．なお，励起光を遮断すると，S_1 状態の分子はただちに蛍光を放射してなくなるので，蛍光スペクトルは観測されなくなる．しかし，T_1 状態の分子がりん光を放射して S_0 状態に戻るためには時間がかかる．励起光を遮断してから 10 ms（10×10^{-3} s）後にベンゼン分子の電子発光スペクトルを測定すると，蛍光スペクトルが消えて，りん光スペクトルのみが観測される〔図 17・9(b)〕．

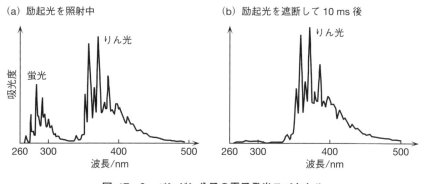

図 17・9 ベンゼン分子の電子発光スペクトル

章末問題

17・1 ベンゼン分子のカチオン $C_6H_6^+$ の電子基底状態のエネルギーを式で答えよ．

17・2 ベンゼン分子の 1 個の π 電子を $n = 1$ から $n = 2$ に励起するために必要な電磁波のエネルギーを(17・1)式から求めよ．波長で答えよ．ただし，プランク定数 $h = 6.626 \times 10^{-34}$ J s，電子の質量 $m_e = 9.109 \times 10^{-31}$ kg，π 軌道の半径 $R = 139$ pm とする．

17・3 前問で，すべての π 電子のエネルギーを考慮して，電子励起状態のエネルギーを(17・1)式から求めよ．

17・4 ヘキサトリエン分子の最も高いエネルギー準位の π 電子が，すぐ上のエネルギー準位に励起された S_1 状態と T_1 状態の電子配置を描け．

17・5 前問で，励起するために必要な電磁波の波長を求めよ．ただし，プランク定数 $h = 6.626 \times 10^{-34}$ J s，電子の質量 $m_e = 9.109 \times 10^{-31}$ kg，π 軌道の長さ $L = 720$ pm とする．

17・6 ニンジンは β-カロテンを含む．β-カロテンの分子構造を調べ，ニンジンがどうして橙色をしているのかを説明せよ．

17・7 無脊椎動物であるイカやタコなどの血液は，人間の血液とは異なり青く見える．その理由を説明せよ．

17・8 プリンターに使われる3色のインク（シアン，マゼンタ，イエロー）を混ぜると黒くなる．その理由を電子吸収の言葉で説明せよ．イエローは 300〜500 nm，マゼンタは 400〜600 nm，シアンは 500〜700 nm の電磁波を吸収する．しかし，4色目のインクとして黒が用意されている．その理由はなぜか．

17・9 夏は白い服を着ると涼しく，冬は黒い服を着ると暖かい．その理由を電子吸収と振動緩和の言葉で説明せよ．

17・10 身のまわりにあるもので，蛍光を利用したものと，りん光を利用したものを答えよ．

18
電子励起状態の振動スペクトル

> レーザー光をうまく利用すると，電子励起状態のラマン散乱スペクトルを測定できる．また，アルゴン固体中に分子を埋め込むと，連続光を照射しながら電子励起状態の赤外吸収スペクトルを測定できる．ナフタレン分子のように対称要素に対称心をもつ分子では，両方の実験によって電子励起状態の基準振動数を相補的に得ることができる．

18・1 レーザーを使った分光法

§17・5で説明したように，可視光線や紫外線を吸収して電子励起された S_1 状態の分子は，ただちに光反応したり，蛍光を放射したり，振動緩和をしたり，項間交差をしたりする．その結果，ごく短い時間しか S_1 状態に存在できない．このことを分光学では"寿命が短い"と表現する． T_1 状態の寿命は S_1 状態に比べればかなり長いが，それでも電子励起状態の分子の振動スペクトル（ラマン散乱スペクトル，赤外吸収スペクトル）を測定することは容易ではない．短時間で，すばやくスペクトルを測定しなければならない．しかし，レーザーが開発されて以来，電子励起状態の振動スペクトルを測定することが可能となった．レーザーを使った分光法なのでレーザー分光法という．

レーザー（laser）は light amplification by stimulated emission of radiation の頭文字でつくった用語である．電磁波（radiation）の誘導放射（stimulated emission）によって，光（light）の増幅（amplification）を可能にする装置のことである．ふつう，熱平衡になっている原子はボルツマン分布則に従うので，エネルギーの高い電子励起状態の原子がエネルギーの低い電子基底状態よりも多くなることはない（§2・4参照）．かりに原子集団を無限大の温度にしたとしても，電子励起状態と電子基底状態の分布は同じになるだけである．しかし，うまく工夫してエネルギーを与えると，電子励起状態の原子を電子基底状態の

原子よりもたくさんつくることができる*. これを負の温度とか, 逆転分布とかいう. この電子励起状態の分布が多い原子集団に, 電子励起状態からの発光と同じエネルギーの電磁波を照射する. 照射された電磁波は原子によって吸収されそうだが, 逆転分布をしているために, 電子励起状態の原子が電子基底状態に一気に遷移して, 同じエネルギーをもつ大量の光が放射される. これを誘導放射という (図 18・1). レーザーは, 照射された電磁波によって同じエネルギーをもつ電磁波の放射が誘導され, 照射された電磁波の振幅を大きくする装置である.

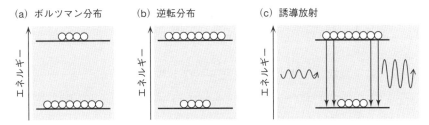

図 18・1 逆転分布と誘導放射

レーザーには, 電子励起状態をつくるためにエネルギーを与える装置 (たとえば, 気体レーザーでは放電管) のほかに, 共振器が必要である. 共振器は放電管の左右に 2 枚の鏡を向かい合わせたものである (図 18・2). 光の速度は約 $3 \times 10^8 \, \mathrm{m \, s^{-1}}$ であり, とても速いので, 光は短い時間に放電管の中を繰返し往復する. 往復する光が弱くても, それが放電管の中で放電によって逆転分布し

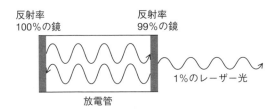

図 18・2 気体レーザーの原理

---

* 原子の T_1 状態は S_0 状態に遷移できないので, エネルギーが高くても分布が多くなる. これを準安定状態という (I 巻 §9・5 参照).

た原子集団に照射されると，それが刺激となって大量の光が誘導放射されて強力な光となる．

　誘導放射される光のエネルギーの大きさは，同じエネルギー準位からの放射だから，当然ながら同じである．つまり，光の波長がそろっている．これを光の単色性という．また，光は共振器を往復する間に位相がそろう．どういうことかというと，2枚の鏡の間を往復する間に，位相のそろっていない光は打消しあい，位相のそろっている光だけが強めあう（Ⅰ巻§3・1参照）．そして，共振器の2枚の鏡で繰返し反射されるうちに光の方向がそろう．これを光の指向性という*．共振器の一方の鏡の反射率は100%でよいが，もう一方の鏡の反射率は少し減らして，一部の光を共振器の外に透過させる．このレーザー光を利用してさまざまなスペクトルを測定する．

18・2　電子励起状態のラマン散乱スペクトル

　レーザーには，連続的に常に発振するレーザーと（レーザー光の場合には発光ではなく発振という），ある時間だけパルス的に発振するレーザーがある（図18・3）．パルス発振レーザーは分光学ではとても役に立つ．極短い時間間隔（10^{-9}〜10^{-15} s）で繰返し発振させることができるので，短い時間でスペクトルを何回も繰返して測定できる．その結果，たくさんのスペクトルを平均化することによって，ノイズの少ない質のよいスペクトルを測定できる（平均化すると，シグナルの強さは変わらないが，ノイズは小さくなる）．パルスレーザーはパルス時間の間隔に応じて，ナノ秒レーザーとかピコ秒レーザーとかフェムト秒レーザーとかいわれる．

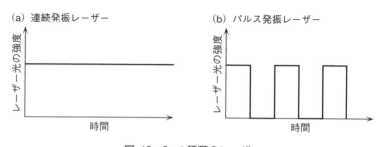

図 18・3　2種類のレーザー

---

* レーザー光は指向性がよいので横から見ても見えないはずである．しかし，実際には見える．空気中のほこりなどの微粒子によって散乱されたレーザー光を見ているからである．

18・2 電子励起状態のラマン散乱スペクトル

たとえば，少量のナフタレンをシクロヘキサンに溶かし，ナフタレン分子が吸収するレーザー光（ポンプ光）を照射して，S_1 状態の分子を瞬間的に増やす．そこにもう一つのレーザー光（プローブ光）を照射して，ラマン散乱スペクトルを測定する．ただし，S_1 状態の寿命はとても短いので，パルス間隔の狭いかなり高性能のレーザーが必要である．どうして，ナフタレンを溶液にするかというと，試料を循環させる必要があるからである．レーザー光はとても強いので，同じ試料にレーザー光を照射し続けると，光反応によってナフタレン分子は次々と壊れてしまう．同じ試料にレーザー光が照射されている時間を短くするために，試料溶液を循環させながらラマン散乱スペクトルを測定する必要がある．

S_1 状態に比べると T_1 状態の寿命は長い．短い時間ポンプ光を照射して，すぐに照射を止めると，S_1 状態の分子のほとんどが S_0 状態に戻るが，S_1 状態の分子の一部は項間交差によって T_1 状態になる．さらに，少し待ってからプローブ光を照射すると，T_1 状態のラマン散乱スペクトルを測定できる．ちょうど，§17・5 の蛍光スペクトルとりん光スペクトルの測定と似ている．S_1 状態は寿命が短いので蛍光はすぐに観測できなくなるが，T_1 状態は寿命が長いので，りん光をゆっくりと観測できる．りん光が放射されている間は T_1 状態の分子があるということだから，その間に T_1 状態のラマン散乱スペクトルを測定する．

ポンプ光（波長は 266 nm）を 17 ns（17×10^{-9} s）間照射したあとで止め，20 ns 後にプローブ光（波長は 416 nm）を照射して，シクロヘキサン溶液中のナ

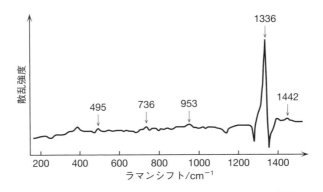

図 18・4　ナフタレン分子の T_1 状態のラマン散乱スペクトル（結合音などには数値が書かれてない）

フタレン分子の T_1 状態のラマン散乱スペクトルを測定した．図18・4は $C_{10}H_8$ 分子のスペクトルから重水素化物 $C_{10}D_8$ のスペクトルを引き算したスペクトルである．このようにすると，強く現れる溶媒のシクロヘキサンのラマン散乱バンドをほとんど相殺することができ，ナフタレン分子の T_1 状態のラマン散乱バンドをはっきりと観測できる．上向きが $C_{10}H_8$ 分子の T_1 状態，下向きが $C_{10}D_8$ 分子の T_1 状態のラマン散乱バンドである．$1500\,\mathrm{cm}^{-1}$ よりも高波数のラマン散乱バンドは弱くて観測がむずかしいので図18・4には示してない．§18・4で詳しく説明するように，ナフタレン分子は対称要素として対称心をもつので交互禁制律が成り立ち，A_g 対称性のラマン活性の基準振動のラマン散乱バンドが強く現れる．たとえば，$1336\,\mathrm{cm}^{-1}$ の最も強いラマン散乱バンドはベンゼン環が大きくなったり小さくなったりする対称振動であり，呼吸振動ともいわれる．

18・3　電子励起状態の赤外吸収スペクトル

　電子励起状態の赤外活性の基準振動はラマン不活性なので，ラマン散乱スペクトルには現れない．電子励起状態の赤外吸収スペクトルをどのようにして測定したらよいだろうか．実はレーザーを使わないもっと簡便な方法がある．§16・5で説明したアルゴン固体中に分子を埋込む方法である．電子励起状態の分子が電子基底状態にすぐに遷移する理由の一つは，分子に余分な振動エネルギー（熱エネルギー）があるためである．余分なエネルギーがあると，無放射遷移（$S_1 \rightarrow S_0$ や $T_1 \rightarrow S_0$）が起きやすくなる．分子を極低温にして，余分な振動運動のエネルギーを取除くと，電子励起状態の振動基底状態の寿命を10倍以上も長くできることが知られている．そこで，少量のナフタレンの蒸気をアルゴンガスに混ぜ，約10Kに冷却したヨウ化セシウム板に吹き付ける．アルゴン固体中に埋込まれたナフタレン分子に，レーザー光ではなく，ふつうの紫外線（たとえば，キセノンランプの光でよい）を連続的に照射する．そうすると，ナフタレン分子の一部は S_0 状態から S_1 状態になり，S_1 状態から T_1 状態になり，T_1 状態から S_0 状態になる過程を繰返し，光定常状態になる．とくに，10Kのアルゴン固体中のナフタレン分子は電子励起状態の寿命が伸び，T_1 状態の赤外吸収スペクトルの測定も可能となる．

　図18・5に，紫外線照射中に測定したアルゴン固体中のナフタレン分子の赤外吸収スペクトルから，照射を止めた後に測定した赤外吸収スペクトルを引き

算したスペクトルを示す．上向きの吸収バンドがT_1状態，下向きの吸収バンドがS_0状態である．T_1状態のスペクトルで×の印をつけた赤外吸収バンドは，光反応によって電子が放出されたラジカルカチオンの赤外吸収バンドである．図18・5には赤外活性の基準振動による吸収のみが現れ，図18・4のラマン活性の基準振動による吸収バンドは現れていない．なお，750 cm^{-1}以下に現れている赤外吸収バンドの吸光度は強過ぎるので，縦軸を1/10に縮小した．最も強い682 cm^{-1}の吸収バンドは，ナフタレン分子のすべてのH原子が分子面外の同じ方向に動く逆対称CH面外変角振動によるものである〔ベンゼン分子の図16・7(d)参照〕．すべてのH原子に関する結合モーメントの変化の向きが揃うので，とても強く赤外線を吸収する．こうして，図18・4と図18・5から，ナフタレン分子のT_1状態でのほとんどの基準振動数を知ることができる．

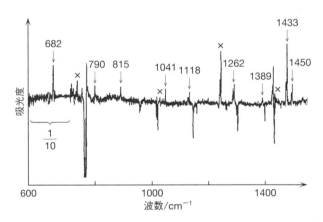

図 18・5 ナフタレン分子のT_1状態の赤外吸収スペクトル（750 cm^{-1}以下の領域は1/10に縮小）

18・4 ナフタレン分子の対称要素

どのような振動運動が赤外活性で，どのような振動運動がラマン活性かを知るために，ナフタレン分子の対称性を調べてみよう．ナフタレン分子の対称要素は次のようになる．まず，中心の結合が回転軸C_2である〔図18・6(a)〕．また，そのC_2に垂直に2種類の回転軸C_2がある．これらを$C_{2(x)}$，$C_{2(y)}$，$C_{2(z)}$と名づける．同様に三つの鏡映面を$\sigma_{(xy)}$，$\sigma_{(xz)}$，$\sigma_{(yz)}$と名づける．$C_{2(z)}$を分子軸と考えれば，$\sigma_{(xy)}$がσ_hであり，残りの二つがσ_vである．このような対称要素

の集合はD_{2h}点群である．D_2は三つのC_2が直交していることを表す（§16・4 参照）．h はσ_hがあることを表す．D_{2h}点群にはさらに対称心 i もある．

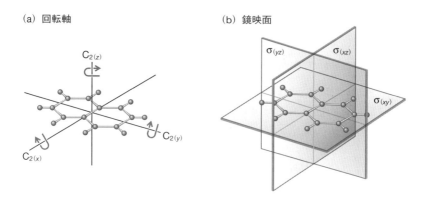

図 18・6　ナフタレン分子の対称要素（代表的な例）

D_{2h}点群の指標表を表 18・1 に示す．結合モーメントの変化の対称性がベクトル（z, y, x）の対称性と同じ対称性（B_{1u}, B_{2u}, B_{3u}）ならば赤外活性，いずれかのテンソルの対称性と同じ対称性（$A_g, B_{1g}, B_{2g}, B_{3g}$）がラマン活性である．§18・2 と§18・3 で観測された T_1 状態のラマン散乱の振動数と赤外吸収の振動数を表 18・2 にまとめた．マリケンの対称性の名前もつけた．§18・5 で説明するように，T_1状態の分子の対称性は S_0 状態の分子の対称性と同じD_{2h}点群である．また，§18・5 で説明する量子化学計算で得られた振動数とも比較した．詳しいことは省略するが，対称性によって散乱強度が異なり，散乱強度

表 18・1　D_{2h}点群の指標表

対称性	E	$\hat{C}_{2(z)}$	$\hat{C}_{2(y)}$	$\hat{C}_{2(x)}$	$\hat{i}$	$\hat{\sigma}_{(xy)}$	$\hat{\sigma}_{(xz)}$	$\hat{\sigma}_{(yz)}$	ベクトル	テンソル
A_g	1	1	1	1	1	1	1	1		x^2, y^2, z^2
B_{1g}	1	1	-1	-1	1	1	-1	-1	R_z	xy
B_{2g}	1	-1	1	-1	1	-1	1	-1	R_y	xz
B_{3g}	1	-1	-1	1	1	-1	-1	1	R_x	yz
A_u	1	1	1	1	-1	-1	-1	-1		
B_{1u}	1	1	-1	-1	-1	-1	1	1	z	
B_{2u}	1	-1	1	-1	-1	1	-1	1	y	
B_{3u}	1	-1	-1	1	-1	1	1	-1	x	

の強い A_g 対称性の基準振動のラマン散乱バンドのみが観測される．一方，B_{1u}，B_{2u}，B_{3u} 対称性の基準振動の赤外吸収バンドが観測される．

表 18・2　観測されたナフタレン分子の T_1 状態の振動数（cm^{-1}）

対称性	ラマン散乱		対称性	赤外吸収	
	実測値	計算値		実測値	計算値
A_g	1442	1433	B_{1u}	3036	3072
A_g	1336	1354	B_{1u}	1433	1412
A_g	953	1022	B_{1u}	1389	1369
A_g	736	727	B_{1u}	1262	1243
A_g	495	487	B_{1u}	1041	1018
			B_{1u}	790	774
			B_{2u}	3059	3084
			B_{2u}	1450	1435
			B_{2u}	1118	1091
			B_{3u}	815	789
			B_{3u}	682	674
			B_{3u}	385	382

18・5　密度汎関数法による基準振動計算

　図 18・4 に示したラマン散乱スペクトルと図 18・5 に示した赤外吸収スペクトルが，本当に T_1 状態の振動スペクトルであるかどうか，確認する必要がある．そのためには，電子運動の波動関数とエネルギー固有値を計算で求める分子軌道法という量子化学計算を利用するとよい．しかし，多原子分子にはたくさんの電子が含まれていて，電子と電子がどのように影響を及ぼしあうか（電子相関）は定かではない（I 巻 8 章参照）．電子相関のためにポテンシャルを表す関数も複雑になり，何らかの近似を用いる必要がある．

　現在，量子化学計算のなかで最もよく使われる方法が密度汎関数（density functional theory：DFT）法である．略して DFT 法という．分光学で得られるさまざまな物理量を容易に計算でき，回転スペクトル，振動スペクトル，電子スペクトルだけでなく，核磁気共鳴スペクトルなど，あらゆる分野でスペクトルの再現に利用されている．計算するソフトウエアも安価で手に入るようになり，パーソナルコンピューターでも計算できる．

DFT法は電子相関を電子密度の汎関数[*1]で近似する．これまでにさまざまな混成汎関数が提案されてきたが，現在，最もよく使われている混成汎関数がB3LYPである．BとはA. D. Beckeによる交換汎関数を表し，LYPはC. LeeとW. YangとR. G. Parrの相関汎関数を用いることを表す．また，3は三つのパラメーターを含むことを意味する．

DFT法の計算では使用する基底関数系の種類も重要である．基底関数系とは，分子軌道の波動関数を計算するために用いる原子軌道の関数のことである．1s軌道，2s軌道など，すべての原子軌道の波動関数を使って計算できれば厳密な結果が得られるが，膨大な計算になる．そこで，適当な数の原子軌道を選ぶ必要がある．たとえば，よく使われる基底関数系に6-311++G**がある．Gは原子軌道をガウス型関数で近似することを表す．6-311はスプリットバレンス基底関数系とよばれ，原子の内殻電子（C原子ならば1s軌道）の原子軌道を6個のガウス型関数で表し，価電子（C原子ならば2s軌道と2p軌道）の原子軌道を三つの部分（3個と1個と1個のガウス型関数からなるトリプルゼータ型）に分けて表すことを意味する．＊は分極関数（polarization function）を表し，電子運動によって生じる分極の効果を考慮するために追加される．＊＊は周期表の第1周期の原子（H, He）にp軌道型関数を考慮し，第2周期以降の原子（Li, Be, ……）にd軌道型関数とp軌道型関数を考慮するという意味である．＋は分散関数（diffuse function）を表し，この関数を基底関数系に加えることによって，電荷の局在化の大きい分子でも精度よく計算できるようになる．++は第1周期だけでなく第2周期以降の原子にも分散関数を加えることを表す．

DFT法の計算では，分子のなかの原子の座標を少しずつ変えながら分子のエネルギーを計算し，ポテンシャルエネルギーを決める．そして，座標の変化量に対するポテンシャルエネルギーの変化量から力の定数を表すF行列を計算する〔二原子分子では，$U=(1/2)kz^2$より，k（力の定数）$=(dU/dz)/z$となる．(4・4)式参照〕．また，ポテンシャルエネルギーの最も低い分子構造（これを最適化構造という．二原子分子ではr_eのこと）と，原子の質量からなるM行列からG行列を計算する．そして，GF行列を対角化して基準振動数を求める

[*1] 数学ではベクトル関数に対応するスカラーを求めるための関数のことを汎関数という．量子化学では電子運動による多次元空間のポテンシャル関数（ベクトル関数）に対応するエネルギー（スカラー）を求めるための関数のことを汎関数という．複数の汎関数を適当に混合したものを混成汎関数という．

(§14・4 参照).

DFT 法の計算では，スピン多重度を指定すると，その多重度の最も安定なエネルギーの電子状態を計算できる．したがって，ナフタレン分子の場合には S_0 状態と T_1 状態を計算できる[*1]．T_1 状態の振動数を表 18・2 に示す．ナフタレン分子は電子数が多くて計算が大変なので，小さな基底関数系 6-31G* を用いた．また，分散関数を用いず，分極関数には d 軌道型関数のみを考慮した．なお，計算では調和振動子近似を使っているので，ポテンシャルの非調和性のために計算値は実測値からは系統的にずれる．表 18・2 には系統的な補正（スケーリング）を行った結果を示した．ラマン散乱スペクトルで得られた振動数も，赤外吸収スペクトルで得られた振動数も，計算値と実測値はよく一致する．

DFT 法で得られた S_0 状態と T_1 状態の最適化構造はどちらも D_{2h} 点群に属する（図 18・7）．つまり，左右のベンゼン環は鏡に映したように対称になる．図 18・7 の丸の中の番号は C 原子を区別するための番号である．S_0 状態では

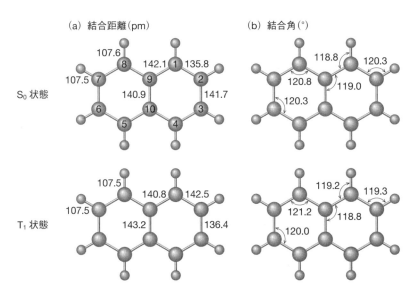

図 18・7　ナフタレン分子の S_0 状態と T_1 状態の最適化構造

[*1] 時間依存の DFT 法を TD-DFT 法（time-dependent DFT 法）という．この方法を使うと，S_1 状態のような同じスピン多重度の電子励起状態も計算できる．また，そのほかにもさまざまな計算法が開発されている〔たとえば，原田義也著，"量子化学"，下巻，裳華房（2007）参照〕．電子励起状態は電子基底状態と異なり，エネルギーの近い電子励起状態がいくつも相互作用するので，量子化学計算はむずかしい．

C1−C2 結合の距離が 135.8 pm であり，C2−C3 結合の距離が 141.7 pm である．つまり，C1−C2 結合のほうが短く，二重結合性が強い．一方，T_1 状態では C1−C2 結合の距離が 142.5 pm であり，C2−C3 結合の距離が 136.4 pm である．つまり，C1−C2 結合よりも C2−C3 結合のほうが短く，二重結合性が強い．したがって，S_0 状態から T_1 状態になると，π 電子の存在確率が C1−C2 結合から C2−C3 結合に流れると考えられる．

分子分光学は量子化学計算とともに，ますます発展を続けている．物質を扱うあらゆる研究分野において，基礎研究でも応用研究でも，分子分光学は最も優れた研究手段としての役割を果たしている．宇宙の誕生や宇宙の膨張といったマクロなスケールでも，生命の誕生や生命の進化といったミクロなスケールでも，分子分光学なくしては語れない．

章末問題

18・1 1 m の共振器の中で，光は 1 秒間に何回往復するか．光速度は 2.998×10^8 m s^{-1} とする．

18・2 前問で，片方の鏡の反射率が 99% とする．共振器の中に分子がないと，1 秒後に共振器の中の光の強度は何%になるか．

18・3 溶媒のシクロヘキサンのラマン散乱バンドは，ナフタレン分子の T_1 状態のラマン散乱バンドに比べて強い．その理由を答えよ．

18・4 図 18・4 で，S_1 状態のラマン散乱バンドが観測されない理由を答えよ．

18・5 図 18・5 と異なり，図 18・4 ではラジカルカチオンのラマン散乱バンドがほとんど観測されない．その理由を答えよ．

18・6 DFT 法でスケーリングしない計算結果は，実測の値に比べて高いか，低いか．その理由を答えよ．

18・7 ナフタレン分子の呼吸振動の対称性を求めよ．また，ラマン活性であることを確認せよ．

18・8 ナフタレン分子のすべての H 原子が分子面外の同じ方向に動く基準振動の対称性を求めよ．また，赤外活性であることを確認せよ．

18・9 ナフタレン分子のすべての H 原子が分子面内で同じように伸びたり縮んだりする基準振動の対称性を求めよ．また，ラマン活性であることを確認せよ．

18・10 どうして S_0 状態と T_1 状態の CH 結合距離はほとんど同じなのか．

索　引

あ　行

アボガドロ定数　10
R 枝　63, 64
アンチストークス線　29
イオン化　99
イオン化エネルギー　99
一重項　182
位置ベクトル　120
運動エネルギー　4
運動量　9, 42
運動量ベクトル　121
永久電気双極子モーメント　18
永年方程式　122, 136
　　GF 行列の——　155
SI → 国際単位系
S 枝　72
H_2O 分子　138
NH_3 分子　116, 159
エネルギー固有値　10
　　回転運動の——　16, 24, 106, 124, 125
　　振動運動の——　44, 51, 156
　　分子内運動の——　59
エネルギー準位　12, 80
エネルギー保存則　29
エルミート多項式　43
演算子　10
遠心力　23
遠心力歪み定数　24, 25
遠赤外吸収スペクトル　21
オイラーの公式　12
O 枝　72
オルト水素　34
オルト窒素　35

か　行

回映軸　171
回転運動　6, 7
　　——の波動関数　16
　　——の波動方程式　10, 14
　　H_2O 分子の——　109
　　二原子分子の——　8
回転運動のエネルギー固有値
　　対称こま分子の——　124
　　直線三原子分子の——　106
　　二原子分子の——　16, 24
　　非対称こま分子の——　125
　　偏長対称こま分子の——　124
　　偏平対称こま分子の——　124
回転運動のエネルギー準位 →
　　回転エネルギー準位
回転エネルギー準位　12, 17, 24
回転基底状態　52
回転軸　111
回転スペクトル　21
　　ラマン散乱による——　31
回転遷移　80
回転操作　141
回転楕円体　119
回転定数　16, 25, 61, 62
　　HF 分子の——　61
　　N_2 分子の——　77
回転励起状態　52
解離エネルギー　50, 55, 56
解離過程　84
ガウス型関数　200
角運動量　9, 121
角運動量ベクトル　120
核間距離　7
　　HF 分子の——　61
　　振動平均の——　57
　　同位体種の——　77
核スピン重率　35, 76
角速度　8, 111
角速度ベクトル　121
重なり積分　50
可視光線　80
換算質量　5, 149
慣性欠損　114
慣性主軸　113, 122
慣性乗積　121
慣性テンソル　121
慣性モーメント　121
　　直線三原子分子の——　106
　　二原子分子の——　9
　　平面三原子分子の——　111
　　立体分子の——　116
規格化定数　11
基準座標　154
基準振動　128, 154
基底関数系　200
基底状態　80
軌道角運動量　90
基本音　52〜54
基本振動数　44, 55
逆行列　20
逆対称伸縮振動　128
逆対称操作　143
逆転分布　193
逆変換　20
吸光度　21, 22
球こま分子　120
Q 枝　63, 64, 72
吸収スペクトル　21
吸収線　21, 133
吸収バンド　133
球面調和関数　15, 123
鏡映操作　91, 97, 142
鏡映面　142
境界条件　12
共振器　193
共鳴積分　50
共役二重結合　181
共役複素関数　11

204　　　　　　　　索　引

極座標系　14
許容遷移　18, 48
禁制遷移　18, 48

空間固定座標　4
空間固定座標系　19
クープマンスの定理　90
クーロン積分　50
群　論　141

蛍　光　188, 189
蛍光スペクトル
　　ベンゼン分子の——　189
結合エネルギー → 解離エネルギー
結合音　135
結合角　3
結合距離　3
　　OCS 分子の——　109
　　CO_2 分子の——　107
結合性軌道　167
結合モーメント　130
ケルビン　22
原子価殻電子反発則　165
原子軌道　90
原子分光法　3

項間交差　189
交互禁制律　132, 196
剛体回転子近似　7, 14
光電子　99
光電子スペクトル　100
恒等操作　142, 143
光量子　84
呼吸振動　196
国際単位系　107
混成汎関数　200

さ　行

最小二乗法　67
最適化構造　200
三重項　183
散　乱　26
CH_2D_2 分子　173
CH_4 分子　119, 170
GF 行列法　154
CO_2 分子　107

紫外線　80
磁気双極子モーメント　92
磁気量子数　90
σ 軌道　91
自然長　40
質量中心　4
C_{2v} 点群　143, 144
C_{3v} 点群　160
指標表　144
　　C_{2v} 点群の——　144
　　C_{3v} 点群の——　160
　　D_{2h} 点群の——　198
　　T_d 点群の——　171
自由回転　39
周　期　26
重　心　4
自由度
　　運動の——　6, 128
　　回転運動の——　129
　　振動運動の——　128
主慣性モーメント　113, 114, 122
縮　重　12
縮重度　17
主軸変換　113, 122
寿　命　192
ジュール　23
純回転スペクトル　48, 75
照射光　28
真空中の光速度　10
シンクロトロン放射　27
振動運動　6, 7
　　——の波動関数　43
　　——の波動方程式　42
　　H_2O 分子の——　139, 141
　　NH_3 分子の——　160, 164
　　CH_2D_2 分子の——　173, 175
　　CH_4 分子の——　173
　　CO_2 分子の——　130, 132
　　ベンゼン分子の——　176
振動運動のエネルギー固有値
　　H_2O 分子の——　156
　　二原子分子の——　44, 51
振動運動のエネルギー準位 → 振動エネルギー準位
振動エネルギー準位　45, 51, 52
振動回転エネルギー準位　62
振動回転スペクトル
　　赤外吸収による——　63
　　ラマン散乱による——　73
振動回転相互作用　60
　　N_2 分子の——　77

振動回転相互作用定数　60〜62
振動緩和　85, 189
振動基底状態　52
振動数　16, 26
　　H_2O 分子の——　141
　　NH_3 分子の——　164
　　CH_2D_2 分子の——　175
　　CH_4 分子の——　173
　　CO_2 分子の——　132
　　ナフタレン分子の T_1 状態の
　　　　　——　199
振動スペクトル　44
振動遷移　80
振動励起状態　52
振　幅　26

水素分子イオン　38
垂直遷移　63, 81
垂直バンド　133
スケーリング　201
ストークス線　29
スピン角運動量　93
　　原子核の——　33
　　電子の——　33
スピン関数　33
スピン-軌道相互作用　183
スピン-スピン相互作用　183
スピン多重度　94

静電引力　38
静電斥力　38
赤外活性　131
赤外吸収
　　——による振動回転遷移の選択則　62
　　——による振動遷移の選択則　46, 48
赤外吸収スペクトル　44
　　H_2O 分子の——　139, 140
　　NH_3 分子の——　163
　　CH_4 分子の——　172
　　CO_2 分子の——　132, 133
　　ナフタレン分子の T_1 状態の
　　　　　——　197
　　ベンゼン分子の——　178, 180
赤外線　80
赤外不活性　131
積分因子　18
絶対零度　45
遷　移　18

索　引

遷移双極子モーメント　18
　　回転運動の——　134
　　振動運動の——　47
　　振動回転運動の——　63
　　電子の——　81, 90
　　ラマン散乱による回転運動の
　　　　——　31
　　ラマン散乱による振動運動の
　　　　——　70
全軌道角運動量　92
線形結合　21
全スピン角運動量　93
選択則
　　回転遷移の——　21
　　赤外吸収による振動回転遷移
　　　　の——　62
　　赤外吸収による振動遷移の
　　　　——　46, 48
　　電子振動回転遷移の——　86
　　電子遷移の——　96
　　ラマン散乱による回転遷移の
　　　　——　29, 31
　　ラマン散乱による振動回転遷
　　　　移の——　71
　　ラマン散乱による振動遷移の
　　　　——　69, 70

た　行

対称関数　17, 34, 45
対称行列　123
対称こま分子　118
対称座標　156
対称心　132, 177
対称伸縮振動　128
対称振動　128
対称操作　141, 143, 145, 146
対称二極小ポテンシャル　166
対称要素　141
縦揺れ振動　174, 175

力の定数　149
中性子　33
調和項　51
調和振動子　40
調和ポテンシャル　50
直線三原子分子　105
直交行列　20
直交座標系　14, 151
直交性　21, 47

直交変換　91
DFT法　→　密度汎関数法
低温マトリックス単離法　179
D_{2h} 点群　197, 198
D_{6h} 点群　177
T_d 点群　171
δ 軌道　91
電気陰性度　18
電気双極子モーメント　18, 130
電気素量　10
点　群　141, 142
電子基底状態　83
　　H_2分子の——　97
　　等核二原子分子の——　94
　　ベンゼン分子の——　182
電子吸収スペクトル　184
　　アントラセン分子の——
　　　　185
　　金属錯体の——　186
　　クロロフィルaの——　188
　　ナフタレン分子の——　185
　　ヘモグロビンの——　187
　　ベンゼン分子の——　185
　　芳香族化合物の——　184
電子状態　93
電子振動回転スペクトル　86
　　N_2^+ イオンの——　88
電子振動回転遷移
　　——の選択則　86
電子振動スペクトル　83, 84
電子スペクトル　79
電子遷移　79, 80
　　——の選択則　96
電子相関　199
電子の静止質量　10
電磁波　26
電子配置
　　ヘキサトリエン分子の——
　　　　186
　　ベンゼン分子の——　182
電子発光スペクトル
　　ベンゼン分子の——　190
電子励起状態　83, 189
　　H_2分子の——　97
　　ベンゼン分子の——　183
テンソル　29, 30, 146
転置行列　20
同位体種
　　——の核間距離　77

な　行

等核二原子分子
　　——の電子基底状態　94
透過率　21
ドップラー効果　29
トリプルゼータ型　200
トンネル効果　165, 167

ナフタレン　195
二重共鳴法　80
ニュートン　55
ねじれ振動　174, 175
熱平衡　192
熱力学温度　22

は　行

倍　音　53
π 軌道　91
π→π* 遷移　185
パウリの排他原理　94
はさみ振動　174, 175
波　数　16
波　長　16, 26
発　振　194
波動関数　10
　　回転運動の——　16
　　振動運動の——　43
波動方程式　10
　　回転運動の——　10, 14
　　振動運動の——　42
ばね定数　39
パラ水素　35
汎関数　200
反結合性軌道　167
反対称関数　17, 34, 45
反転運動
　　NH_3分子の——　165
反転障壁　166
反転操作　91, 97, 177
バンドギャップ　65
光定常状態　196
光の指向性　194
光の増幅　192
光の単色性　194

索引

光反応　188, 189
P　枝　63, 64
非対称こま分子　125
非調和項　51
非調和性を表す定数　55
非調和定数　51
微分演算子　10

ファンデルワールス結合　81
フェルミ共鳴　135
フェルミ粒子　34
復元力　39
複素関数　11
不対電子　183
フックの法則　40
負の温度　193
フランク-コンドン因子　82, 100
プランク定数　10
プローブ光　195
分極関数　200
分極率　27
分散関数　200
分子間相互作用　179
分子軌道　90
分子固定座標系　19
分子定数　61
分子内運動　4
分子内座標　5
分子内座標系　151
分子内振動　128
分子分極　27
分子分光法　3
フントの規則　95

平衡核間距離　39, 61, 62
平行遷移　63
平行バンド　133
並進運動　4, 6
並進エネルギー　5

平面三原子分子　109
ベクトル　144
変　位　26, 39
変角振動　129
変換行列　20
ベンゼン分子　176, 181
偏長対称こま分子　118, 119, 124
偏平対称こま分子　118, 119, 124

方位量子数　90
方向余弦　19
ボース粒子　34
ホットバンド　52〜54
ポテンシャルエネルギー　10
　　NH_3分子の反転運動の――　166
ボルツマン定数　10, 22
ボルツマン分布　193
ボルツマン分布則　22
ボルン-オッペンハイマー近似　38, 79
ポンプ光　195

ま〜れ

マイクロ波吸収スペクトル　21
マイクロ波分光法　108
マクローリン展開　8
マリケンの対称性　144

ミー散乱　26
密度汎関数法　199

無放射緩和　85
無放射遷移　189

モース関数　49

モースポテンシャル　49, 50
誘起電気双極子モーメント　131
誘導放射　192〜194
陽　子　33
横揺れ振動　174, 175
ラジカルカチオン　197
ラプラシアン　151
ラマン活性　131
ラマン散乱　29, 69
　　――による回転遷移の選択則　29
　　――による振動回転遷移の選択則　71
　　――による振動遷移の選択則　69, 70
ラマン散乱スペクトル
　　CO_2分子の――　135
　　ナフタレン分子のT_1状態の――　195
ラマン散乱バンド　135
ラマンシフト　29
ラマン不活性　131

立体分子　116
量子化学計算　56, 199
りん光　189, 190
ルジャンドル陪多項式　16, 17

励起状態　26, 80
零点振動　45
零点振動エネルギー　45
レイリー散乱　26, 27
レーザー　80, 192
レーザー分光法　192

中 田 宗 隆
なか た むね たか

1953 年 愛知県に生まれる
1977 年 東京大学理学部 卒
現 東京農工大学大学院
　　生物システム応用科学府 教授
専攻 量子化学，分光学，光化学
理 学 博 士

第 1 版 第 1 刷 2018 年 12 月 7 日 発行

基礎コース物理化学 II. 分子分光学

Ⓒ 2 0 1 8

著　者　　中　田　宗　隆
発 行 者　　小　澤　美奈子
発　　行　　株式会社 東京化学同人
　　　　　東京都文京区千石 3-36-7（〒112-0011）
　　　　　電話（03）3946-5311・FAX（03）3946-5317
　　　　　URL：http://www.tkd-pbl.com/

印　刷　　中央印刷株式会社
製　本　　株式会社松岳社

ISBN978-4-8079-0937-7
Printed in Japan
無断転載および複製物（コピー, 電子データなど）の無断配布, 配信を禁じます.

物理化学の重要な概念をかみくだいて
解説した初学者向き教科書シリーズ

基礎コース 物理化学
全4巻

中田宗隆 著
A5判　各巻200ページ前後

I. 量 子 化 学
II. 分 子 分 光 学
III. 化 学 動 力 学
IV. 化 学 熱 力 学